Kraft- und Wärmewirtschaft in der Industrie
(Abfallenergie-Verwertung)

Von

Baurat Ing. M. Gerbel
beh. aut. Zivil-Ingenieur für Maschinenbau
und Elektrotechnik

Zweite, verbesserte Auflage

Mit 9 Textfiguren

Berlin
Verlag von Julius Springer
1920

ISBN-13: 978-3-642-47171-1   e-ISBN:13 978-3-642-47484-2
DIO: 10.1007/978-3-642-47484-2

Alle Rechte, insbesondere das der Übersetzung in fremde Sprachen vorbehalten.

Copyright 1920 by Julius Springer in Berlin.
Softcover reprint of the hardcover 2nd edition 1920

Vorwort.

Die erste Auflage dieses Buches war mitten im Kriege geschrieben worden, wo das ganze Wirtschaftsleben im Dienste der Kriegführung stand und auf ihre Ziele eingestellt war.

Nach wenigen Monaten war die erste Auflage vergriffen und der Verfasser sah sich vor die Aufgabe gestellt, den durch das Kriegsende geschaffenen neuen Verhältnissen des Wirtschaftslebens Rechnung zu tragen.

Waren aber schon während des Krieges die Grundlagen für die industrielle Produktion abnormal und veränderlich, so sind sie durch die Wirren bei Kriegsende noch verwickelter und verworrener geworden. Eine Voraussicht für die Gestaltung der wirtschaftlichen Verhältnisse in der Zukunft oder eine Bewertung der verschiedenen in Betracht kommenden Faktoren für die Entwicklung des Wirtschaftslebens ist nachgerade unmöglich. Immerhin konnte geschlossen werden, daß die Kohlenökonomie für die industriellen Betriebe in Deutschland und Deutschösterreich eine weitaus größere Wichtigkeit erlangen werde, als es vor dem Kriege und während des Krieges der Fall war. Tatsächlich hat sich schon in den ersten Monaten nach dem Kriege gezeigt, daß die Kohlenfrage nicht nur zu einer wichtigen, sondern zu einer Lebensfrage der Industrie geworden ist. Deshalb glaubt Verfasser annehmen zu können, daß auch die zweite Auflage dieses Buches dem gleichen regen Interesse begegnen wird, wie die erste.

Die Unmöglichkeit der Voraussicht kommender Verhältnisse in unserer Zeit, die mehr als je dem Wandel und Wechsel unterliegt, hat den Verfasser gezwungen, die Voraussetzungen für die einzelnen Berechnungen und die Grundlagen seiner Folgerungen jeweils möglichst genau darzulegen, damit bei geänderten Verhältnissen die Umrechnungen leicht vorgenommen werden können. Im übrigen ist den neuen Anschauungen unserer Zeit Rechnung getragen, soweit es für Ingenieure notwendig und statthaft ist,

d. h. soweit das Neue einen Fortschritt in der praktischen Technik, oder eine für die Praxis verwertbare Vertiefung der theoretischen Erkenntnis bedeutet.

Das schwer belastete, aber immer aufrechte deutsche Volk arbeitet nach dem Unglück des Krieges an dem Aufbau seiner glücklichen Zukunft. Jedermann ist zur Mitarbeit berufen und verpflichtet.

Die gute Aufnahme, welche die erste Auflage in allen Kreisen, besonders in den Fachkreisen und in der Fachpresse gefunden hat, läßt den Verfasser hoffen, daß die Allgemeinheit aus seinen Ausführungen Nutzen zu ziehen in der Lage ist. Er würde hierin seine größte Befriedigung finden.

Wien, im Januar 1920.

Der Verfasser.

Inhaltsverzeichnis.

Seite

I. Kapitel. (Einleitung. — Die Zunahme des Kraftbedarfs und ihre Ursachen. — Neue elektrochemische und metallurgische Verfahren. — Notwendigkeit niederer Kraftpreise.) 1

II. Kapitel. (Gestehungskosten der kWh bei Wasserwerken und bei Wärmekraftwerken. — Belastungsschwankungen von Elektrizitätszentralen. — Abfallkraft bei Wasserwerken. — Einfluß der Abfallverwertung auf die Tarifpolitik. — Anpassung der Industrie an die Abfallkraftverwertung. — Abfallkraft in Dampfkraftwerken. — Bedeutung der Kohle und der Wasserkräfte für die Weltkraftwirtschaft.) 10

III. Kapitel. (Abfallenergieverwertung in der Wärmetechnik. — Wärmeausnützung in industriellen Feuerungen: Vorwärmer; Abhitzkessel. — Abfallenergie von Koksöfen und Hochöfen. — Abfallkohle.) 31

IV. Kapitel. (Dampf als Energieträger. — Dampfverwendung zur Krafterzeugung. — Dampfverwendung zu Koch-, Heiz- und Trockenzwecken. — Warmes Wasser als Heizmedium.) . . 42

V. Kapitel. (Die Wärmeausnützung in der Dampfmaschine. — Abwärme von Dampfmaschinen. — Abwärme von Dampfturbinen. — Verwertung des Abdampfes; Beispiele. — Zwischendampfentnahme: Anzapfturbine. Abdampfturbine. — Abdampfverwertung in verschiedenen Industriezweigen.) 49

VI. Kapitel. (Die künftige Entwicklung der Abfallenergieverwertung. — Abfallkraft bei großem Fabrikationsbetrieb. — Verfügliche Abfallenergie in verschiedenen Industriezweigen. — Kennziffer des Energieüberschusses; Industrien mit verfüglicher Abwärme; Industrien ohne verfügliche Abfallenergie; Industrien mit verfüglicher Abfallkraft.) 63

VII. Kapitel. (Vereinigung von Betrieben zur gegenseitigen Ausnützung ihrer Abfallenergie. — Einfluß der Kohlenkosten auf die Wirtschaftlichkeit der Produktion. — Vereinigung von Heizungsanlagen und Badeanstalten mit Elektrizitätswerken; Beispiele. — Akkumulierung und ökonomische Fortleitung der Wärme als Voraussetzung praktischer Abfallenergieverwertung. — Neue Richtlinien für die Entwicklung von Elektrizitätswerken. — Abfallkraftverwertung und die Elektrizitätszentralen.) . . . 74

VIII. Kapitel. (Staatliche Einflußnahme auf die Kraft- und Wärmewirtschaft. — Ein staatliches Energiewirtschaftsamt. — Kraft und Wärmestatistik der Industrie. — Maßnahmen zur Verbesserung der Energiewirtschaft. — Schlußbemerkung.) . . 93

I. Kapitel.

(Einleitung. — Die Zunahme des Kraftbedarfs und ihre Ursachen. — Neue elektrochemische und metallurgische Verfahren. — Notwendigkeit niederer Kraftpreise.)

Der Krieg hat auf allen Gebieten menschlichen Schaffens zur größten Ausnützung und zur möglichsten Verringerung der Verluste Veranlassung gegeben. Die Hoffnung, daß der Friede die Verhältnisse wesentlich anders gestalten werde, hat sich einstweilen nicht erfüllt und wird leider auch in Hinkunft nicht sobald in Erfüllung gehen. Es kann auch keinem Zweifel unterliegen, daß die Zeiten des Energiereichtums, wie sie vor dem Kriege herrschten, in absehbarer Zeit nicht wiederkommen. Infolgedessen ist es ebenso wie während des Krieges auch jetzt ein dringendes Gebot mit geringen Mitteln möglichst viel zu erreichen, die Nutzeffekte bis zum erzielbaren Maximum zu steigern und insbesondere alles, was an brauchbaren Materialien abfällt, wieder zu verwenden.

Der gesteigerte Bedarf bei verringerter Beschaffungsmöglichkeit hat es im Kriege mit sich gebracht, daß Abfälle, deren Verarbeitung sich sonst nicht lohnte, benützt werden, um durch Mischung von Gutem mit weniger Gutem etwas noch Brauchbares in größerer Menge zu erzeugen. Das Wort „Strecken" ist zu einem Schlagwort in der Industrie und auf allen Gebieten des täglichen Lebens geworden, zum Zwecke des Streckens sind die verschiedensten Methoden und Hilfsmittel erdacht worden, von denen viele auch nach dem Kriege erhalten sind und voraussichtlich noch lange Zeit erhalten bleiben werden. Manche der Streckungsmittel und der Streckungsmethoden werden als besondere Errungenschaft der Technik dauernd ihren Platz behaupten.

Ein viel kostbareres Gut aber als alle Materialien der Industrie, deren Ausnützung durch Sparsamkeit und Streckung möglichst verbessert werden muß, ist die Energie.

Energie ist die Fähigkeit, Arbeit zu leisten. In diesem Sinne ist sie ein wichtiger Faktor des Volksvermögens, der die Größe eines Volkes besser charakterisiert als sein Besitz an Gold und Gütern und der einen naturwissenschaftlich begründeten, unumstößlich feststehenden, von Ort und Zeit unabhängigen Wert besitzt. Schon von diesem Gesichtspunkte aus, als wichtigster Faktor des Volksvermögens, abgesehen von rein wirtschaftlichen Interessen Einzelner, kann der sorgfältigen Verwendung aller Energien nie genug Wichtigkeit beigemessen werden, und das Bestreben, alle Abfälle, die bei der Verwertung und Umsetzung der Energien notwendiger- oder unnötigerweise verloren gehen, irgendwie nutzbar zu machen, ist schon hierdurch vollkommen gerechtfertigt.

In dem Vorworte zu seinen Abhandlungen und Vorträgen allgemeinen Inhaltes sagt Ostwald: „Vergeudung von Energie, sei es aus Unwissenheit, sei es aus Bosheit, ist die schlimmste Sünde, die ein Mensch begehen kann, denn sie kann auf keine Weise wieder gut gemacht werden."

Die Energie, die wir technisch verwerten, rührt fast ausschließlich von der Sonne her. Die Wärme, die wir gewinnen, wenn wir Kohle verbrennen, ist jene Wärme, welche die Sonne vor Millionen Jahren auf die Urbäume herunterstrahlte und welche, von diesen vorweltlichen Gewächsen aufgenommen, in eine andere Energieform verwandelt und in dieser Form gebunden aufbewahrt wurde. Die Energie, die wir aus dem Wasserfall als Wasserkraft nutzbar gewinnen, ist erst vor kurzem aus der Sonnenwärme umgesetzt worden, denn die Wärme der Sonnenstrahlen hat Wasser zum Verdunsten gebracht, die Wasserdämpfe stiegen als Nebel und Wolken hinauf, fielen als Regen und Schnee in den Bergen nieder und kommen als Bäche und Flüsse zu Tal.

Während aber die Sonne Jahr für Jahr die gleiche Menge Energie auf die Erde strahlt — von einer Abnahme der auf die Erde gestrahlten Wärme kann selbst in Jahrtausenden nicht gesprochen werden —, wird die Energiemenge, die wir auf Erden verbrauchen, d. h. umsetzen, von Jahr zu Jahr größer. Denn wir leben in einer Zeit stark steigenden Energiebedarfes; im letzten Jahrzehnte ist die Steigerung des Energiebedarfes direkt sprunghaft und unerwartet groß geworden; dies gilt hauptsächlich für den Verbrauch an mechanischer Arbeit oder, wie man populär, aber physikalisch falsch sagt, für den Verbrauch an Kraft.

Die Ursachen des gesteigerten Bedarfes an Kraft in den letzten Jahrzehnten liegen neben der natürlichen Produktionsvermehrung auf allen Industriegebieten und neben der immer ausgedehnteren Verwendung der Elektrizität für Zwecke des täglichen Lebens noch in dem Ersatze der menschlichen Arbeitskraft durch motorische Kraft und in der Einführung neuer, besonders viel Kraft verbrauchender Verfahren in der Industrie.

Immerhin erfordert die Mechanisierung der menschlichen Arbeit verhältnismäßig wenig Pferdekräfte. Der Mensch ist eine bei den meisten Verrichtungen mit geringem Wirkungsgrade arbeitende Maschine; er ist in der Lage, im kontinuierlichen Betriebe günstigsten Falles etwa an einer Zugkette $1/_6$ PS oder an einer Kurbel etwa $1/_{10}$ PS zu leisten. Bei den meisten Manipulationen ist aber die effektive Arbeitsleistung noch wesentlich kleiner; die Durchschnittsleistung eines Arbeiters im Fabrikbetriebe ist nach Rziha etwa $1/_{20}$ PS und dort, wo es bloß auf Handfertigkeit ankommt, oft noch wesentlich kleiner.

Daher ist auch der Kraftverbrauch von Maschinen, die lediglich die Handarbeit zu ersetzen haben, verhältnismäßig klein. So braucht beispielsweise eine Zigarettenmaschine, die im Tag 150 000 Stück Zigaretten inklusive Hülsen, Aufdruck usw. erzeugt, und ebensoviel leistet, wie 80—90 Arbeiterinnen, nicht mehr als etwa 1 PS. Pakettiermaschinen, die 3000 Pakete in der Stunde fix und fertig machen, entsprechend dem Quantum, das sonst 20—30 Arbeiterinnen in angestrengter Arbeit fertig bringen, brauchen $1/_2$—1 PS.

Der Kraftbedarf der die Menschenarbeit ersetzenden Maschinen spielt infolgedessen auch für ihre Wirtschaftlichkeit fast keine Rolle; es handelt sich meist nur um die Amortisation ihrer Anschaffungskosten, die nahezu immer eine ausgezeichnete Rentabilität des Ersatzes der Menschenarbeit durch Maschinen ergeben. Die fortgesetzte Steigerung der Löhne läßt die Wirtschaftlichkeit des maschinellen Betriebes naturgemäß immer günstiger erscheinen, denn wenn auch der Preis der Maschine, welche die Menschenarbeit ersetzt, nahezu im gleichen Verhältnisse wie die Löhne höher geworden ist, so schafft man sich durch die Einführung des maschinellen Betriebes immerhin konstante Verhältnisse, weil ja die Amortisations- und Verzinsungsquote einer einmal angeschafften Maschine nicht mehr von unübersehbaren Lohnverhältnissen der Zukunft abhängt. Aber auch die Unabhängigkeit des maschinellen Betriebes von der Qualität des Arbeiterpersonales ist ein Vorteil, der stark in die Wagschale fällt. So kann denn mit einer weiteren und stetigen Steigerung des Kraftbedarfes zum Ersatze der Menschenarbeit gerechnet werden; wie aber an obigen Beispielen gezeigt wurde, ist die hierdurch hervorgerufene Steigerung des Kraftbedarfes absolut genommen nicht übermäßig groß.

Anders verhält es sich mit jenen neuen Industrien, die auf modernen, elektrochemischen und elektrometallurgischen Verfahren aufgebaut sind. Sie erfordern ungeheure Kraftmengen, und da es sich hier um Bedarfsartikel handelt, die in immer größeren Mengen erzeugt werden müssen, ist eine Grenze für den Kraftbedarf dieser Industriezweige in der nächsten Zeit gar nicht abzusehen.

Die Erschöpfung der Salpeterlager von Chile, deren Vorrat nach Schätzungen vor Kriegsbeginn nur noch 25—50 Jahre reichen sollte, hat den Impuls zur Stickstoffgewinnung aus der Luft im großen Stile gegeben. Die jährliche Salpetergewinnung in Chile betrug in den letzten Friedensjahren zirka 2 500 000 t, sie wird für die nächste Zeit auf 4 000 000 t und mehr geschätzt. Deutschland allein hat in den letzten Friedensjahren zirka 800 000 t Chilesalpeter neben 400 000 t schwefelsaurem Ammoniak gebraucht. Die österreichische Einfuhr an Chilesalpeter betrug in den letzten Friedensjahren 93 000 t.

Zur Erzeugung einer Menge von Luftsalpeter, die dem Stickstoffgehalt nach der Chilesalpeterproduktion der letzten Friedensjahre gleichwertig ist, wären zirka 3 500 000 PS ununterbrochen, d. i. durch 8600 Stunden im Jahre, in Betrieb zu halten.

Der jährliche Stickstoffbedarf der Erde wird mit 6 300 000 t pro Jahr angegeben. Seine Erzeugung aus der Luft in Form von Luftsalpeter würde zirka 64 Milliarden Pferdekraftstunden (8 000 000 PS durch 8000 Stunden pro Jahr) erfordern.

Die Verwendung von Salpeter und anderen Stickstoffverbindungen wird aber eine weit größere werden. Die Landwirtschaft stellt ein Verwendungsgebiet von unermeßlicher Ausdehnung dar. Um hierfür nur ein kleines Beispiel anzuführen, seien einige Ziffern über die ungarische Weizenproduktion genannt.

Ungarn produzierte wegen der Rückständigkeit seiner Bodenbearbeitung nur 13 t Weizen[1]) im Durchschnitte pro Hektar,

---

[1]) „Die Beziehungen zwischen Bodenproduktion und Technik". Dr. Adolf Ostermayer. Mitteilungen des deutschen Ingenieurvereins in Mähren, Brünn 1911, Nr. 4.

während Deutschland 24 t Weizen pro Hektar erzielt. Rechnet man zur Verbesserung dieser Verhältnisse mit einem Bedarfe von 100 kg Luftsalpeter pro Hektar, so würde Ungarn in seiner ehemaligen Ausdehnung bei zirka 35 000 qkm Weizenboden 350 000 t Luftsalpeter pro Jahr brauchen, zu deren Erzeugung 400 000 Pferdekräfte in ununterbrochenem Betriebe stehen müßten.

Kraftmengen dieser Art und dieser Größe sind demnach ein dringendes Bedürfnis. In Deutschland hat der Ersatz für die fehlende Einfuhr von Chilesalpeter zur Errichtung von Kraftzentralen ungeheurer Dimensionen geführt und es standen während des Krieges Hunderttausende von Pferdestärken für diese Zwecke im Betriebe.

Über den Kraftbedarf der elektrochemischen und elektrometallurgischen Prozesse sowie über die Bedeutung und den Umfang dieses neuen Gebietes gibt ein Vortrag, den Prof. Dr. Emil Baur in Zürich im Jahre 1915 gehalten hat[1]), in klarer Weise ein ausgezeichnetes Bild. Die Tabelle 1 über die elektrochemische Großindustrie ist dem Abdrucke dieses Vortrages entnommen. Es finden sich hier für die 14 bedeutendsten, in Frage kommenden elektrochemischen Prozesse Angaben über die hierbei in Betrieb befindlichen Pferdekraftmengen und die hiermit erzielten jährlichen Produktionsziffern. Diese Ziffern beziehen sich nach Angabe Prof. Baurs auf die Weltproduktion, und zwar dürften ihnen die Verhältnisse des letzten Friedensjahres zugrunde liegen. Inzwischen werden sich die Produktionsziffern auf einigen für die Kriegsführung wichtigen Gebieten, wie Kupferraffination, Aluminiumgewinnung, Luftsalpeter und Kalkstickstoff-Fabrikation, wesentlich gesteigert haben.

Die letzte Kolonne dieser Tabelle gibt den Kraftverbrauch der einzelnen Prozesse für die Gewichtseinheit der betreffenden Produkte bzw. ihrer Elemente an.

So zum Beispiel werden zur Gewinnung von 1 kg Stickstoff in Form von Luftsalpeter 65 kWh oder rund 85 PSh gebraucht. Da 1 kg Stickstoff in zirka 8 kg Luftsalpeter enthalten ist, entfällt auf 1 kg Luftsalpeter eine Energiemenge von rund 11 PSh. Für Kalkstickstoff ergibt sich ein Kraftverbrauch von zirka 35 PSh pro

---

[1]) „Die elektrochemischen und elektrometallurgischen Industrien". Zeitschrift für Wasserwirtschaft, Zürich 1915.

Tabelle 1.

Prozeß	Arbeitende PS	Erzeugen jährlich	Beziehung zur kWh (zugleich Stromkosten, wenn 1 kWh = 1 Cts.)
1. Chloralkali-elektrolyse	100000	167000 t $NaOH$ (= 230000 t KOH) + 400000 t Chlorkalk + 4200 t Wasserstoff (= 92000 t synthet. Ammonsulfat)	1 kg $NaOH$ = 395 kWh 1 kg KOH = 285 kWh
2. Chlorat	22000	18000 t $KClO_3$ (1908)	1 kg $KClO_3$ = 8 kWh
3. Kupferraffination	28000	400000 t Cu	1 kg Cu = 0,44 kWh
4. Aluminium	100000 (investiert 300000)	24000 t Al	1 kg Al = 27 kWh
5. Natrium	10000 (?)	8000 t Na	1 kg Na = 8,5 kWh
6. Luftsalpeter	400000	40000 t N (= 310000 t Kalksalpeter = 270000 t Chilesalpeter = 180000 t HNO_3)	1 kg N = 65 kWh (oder: 1000 kg N in Form von synthet. Nitrat = 7,5 kW-Jahre)
7. Kalkstickstoff	75000	30 t N (= 150000 t Kalkstickstoff)	1 kg N = 17,5 kWh (oder: 1000 kg N in Form von Kalkstickstoff = 2 kW-Jahre)
8. Wasserzersetzung	[100000]	63000 t H (= 147000 t NH_3)	1 kg H = 12 cbm = 100 kWh (oder: 1000 kg N in Form von synthet. Ammoniak = 3 kW-Jahre aufgerundet)
9. Karbid	135000 (investiert 363000)	214000 t CaC_2	1 kg CaC_2 = 4 kWh im Abstichbetrieb (= 7 kWh im Blockbetrieb)
10. Ferrosilizium	60000	65000 t $FeSi$ 50%	1 kg $FeSi$ 50% = 6 kWh
11. Carborundum	10000 (?)	8000 t SiC	1 kg SiC = 8 kWh
12. Graphit	3200 (Niagara-Falls)	3500 t Graphit	1 kg Graphit = 6 kWh
13. Stahlraffination	3100 (Deutschld. 1909)	20000 t Stahl	1 kg Stahl = 1 kWh
14. Roheisen	34000 (investiert Schweden 1913)	87000 t Roheisen (Schweden)	1 kg Roheisen = 2,5 kWh

Kilogramm. Einen sehr großen Kraftverbrauch weist die Herstellung von Wasserstoff durch Wasser-Elektrolyse auf; für 1 kg Wasserstoff sind 100 kWh, also 133 PSh erforderlich.

Zum Vergleich des Kraftverbrauches dieser neuen Verfahren gegenüber anderen Industrien ist in Tabelle 2 eine Zusammenstellung gemacht, wo neben den vorangeführten Industrien einige andere Industriezweige aufgezählt sind.

Tabelle 2.

Industriezweig	Produktions-Einheit	Kraft PSh
Elektrochemische Industrien		
Luftsalpeter	pro kg	11
Kalkstickstoff	„ „	5
Aluminium	„ „	35
Kalziumkarbid	„ „	5
Wasserstoff	„ cbm	11
Andere Industrien		
Sauerstoff (Luftdestillation)	pro cbm	4
Holzstoff	„ kg	2
Zement	„ „	0,13
Weizenmühle	„ „	0,1
Eis	„ „	0,05
Spinnerei	„ „	2
Elektrizität	pro kWh	1,5

Auf hüttenmännischen Gebieten bricht sich in der letzten Zeit immer mehr das Bestreben Bahn, den Brennmaterialverbrauch auf Kosten des Kraftverbrauches zu reduzieren.

Zur Roheisenherstellung wird normalerweise im Mittel 1 kg Koks pro Kilogramm Roheisen verbraucht. Bei der elektrischen Roheisengewinnung sinkt der Koksbedarf auf bloß zirka $1/3$ kg Koks, dafür sind aber je nach dem Eisengehalte 1,7—2,2, im Mittel zirka 2 kWh an elektrischem Strom für 1 kg Roheisen aufzuwenden[1]).

---

[1]) „Die Eisenindustrie Schwedens". Hofrat Ing. Franz Poech, Bergbau und Hütte, Heft 10, Jahrg. 1916, und „Helfensteinofen in Domnarfvet" von Dr. Oesterreich. Stahl und Eisen, 1916, Heft 14.

Bei der Stahlherstellung werden im elektrischen Ofen statt 0,25—0,4 kg Kohle, die im Siemens-Martin-Ofen gebraucht werden, 0,08—1,2 kWh pro Kilogramm Stahl bei kaltem Einsatz, 0,15—0,35 kWh bei flüssigem Einsatz gebraucht.

Durch diese wenigen Beispiele ist das sprunghafte Ansteigen des Kraftbedarfes durch die neuen elektrochemischen und elektrometallurgischen Fabrikationsmethoden genügend illustriert.

Und mitten in dieser Welt steigenden Kraftbedarfes steht der Ingenieur und soll die Bedürfnisse decken.

Hierbei handelt es sich aber nicht nur um das Vorhandensein der notwendigen Kraftmengen; es handelt sich auch darum, diese Kraftmengen genügend billig zu beschaffen, denn je größer der Kraftbedarf als Produktionsfaktor einer Industrie ist, desto mehr tritt die Frage seines Preises in den Vordergrund. Bei den vorangeführten neuen Verfahren der Elektrochemie und der Elektrometallurgie ist der Preis der Kilowattstunde einer der ausschlaggebenden Faktoren.

Wie sehr die Möglichkeit, elektrochemische Verfahren anzuwenden, vom Strompreise abhängt, und wie nieder die Strompreise sind, die für diese Verfahren überhaupt in Frage kommen, werden die folgenden Beispiele illustrieren. Obwohl die Ziffern aus den Zeiten vor dem Kriege stammen, lassen sie doch auch wertvolle Schlüsse auf die Jetztzeit zu, wenn das Verhältnis der zulässigen Stromkosten zu den Preisen der durch die Elektrizität ersetzten anderen Betriebsmaterialien oder Betriebsmittel im großen und ganzen als unverändert angenommen wird.

Ein Kilogramm Luftsalpeter kostete bei uns im Jahre 1913 zirka 26 h und erfordert rund 8 kWh. Nach genauen Aufstellungen über die Gestehungskosten entspricht diesem Preise ein maximal zulässiger kWh-Preis zur Luftstickstofferzeugung von 0,5 h. Schon die verhältnismäßig weniger Kraft brauchende Kalkstickstoffproduktion erforderte Strompreise, die nicht wesentlich höher sein dürften, als 1,2 h pro kWh.

Für den elektrischen Verhüttungsprozeß berechnet Poech (l. c.) unter Berücksichtigung der mit in Rechnung zu stellenden Elektrodenkosten bei einem Brennmaterialpreise von 4 K pro 100 kg die zulässigen Kosten der Kilowattstunde auf 1,15 h. Bei einem Brennmaterialpreise von 6 K pro 100 kg, wie er damals etwa den Verhältnissen in den Alpenländern entsprach, war der

Elektrohochofen bei einem Strompreise von mehr als 1,8 h nicht mehr konkurrenzfähig.

Allerdings kommt es bei der Elektrifizierung der Prozesse in der Eisenindustrie nicht immer nur auf den Preis des Prozesses an. Die Produktion von Qualitätsmaterial tritt immer mehr in den Vordergrund und bei seiner Herstellung fallen die Stromkosten, selbst wenn sie etwas höher sind, nicht mehr so sehr ins Gewicht. Allem Anscheine nach wird sich auch bei uns die Eisenindustrie, veranlaßt durch die Notwendigkeit der Anpassung an die geänderten Verhältnisse, mehr der Erzeugung von Qualitätsware zuwenden müssen, wie es auch das wasserkraftreiche Skandinavien unter Intervention der Regierung und kraftvoll gefördert durch den Stahlwerksverband (Jernkontoret) getan hat. Allerdings werden bei uns die Verhältnisse niemals so günstig werden, wie sie dort sind. In einem Berichte über den gegenwärtigen Stand der Entwicklung großer elektrischer Öfen sagt Dr. Rudolf Taussig (Original Communications, eighth international congress of applied chemistry, Vol. XXI, Page 105): „Die Kalkulation stellt sich in den beiden Ländern besonders günstig, denn 1 HP-Jahr ersetzt 2 t Brennstoff. Wenn also auf Qualitätseisen gearbeitet wird, muß Holzkohle verwendet werden bei einem Preise von zirka 40 M. per Tonne, somit einem Äquivalent von 80 M. per 1 HP-Jahr. Demgegenüber stellt sich aber bekanntlich der Kraftpreis viel niedriger. Im Durchschnitte kann man annehmen, daß das HP-Jahr in Schweden mit 40 M., in Norwegen mit 25 M. leicht zu beschaffen ist."

II. Kapitel.

(Gestehungskosten der kWh bei Wasserwerken und bei Wärmekraftwerken. — Belastungsschwankungen von Elektrizitätszentralen. — Abfallkraft bei Wasserwerken. — Einfluß der Abfallkraftverwertung auf die Tarifpolitik. — Anpassung der Industrie an die Abfallkraftverwertung. — Abfallkraft in Dampfkraftwerken. — Bedeutung der Kohle und der Wasserkräfte für die Weltkraftwirtschaft.)

Für die Gestehungskosten der kWh kommt es bei Wasserkraft-Elektrizitätswerken auf die Kosten der Anlage bzw. auf die jährlichen Aufwendungen für Amortisation, Verzinsung und Erhaltung, bei Wärmekraftwerken außerdem noch auf den Brennmaterialpreis an. In allen Fällen spielt aber die Ausnützung des Werkes eine große Rolle.

Die jährlichen Aufwendungen für Amortisation und Verzinsung des Anlagekapitales und für Erhaltung bleiben in ein und derselben Anlage pro ausgebautes Kilowatt gleich groß, ob viel oder wenig Strom erzeugt, d. h. ob die Anlage gut oder schlecht ausgenützt wird. Diese jährlichen Aufwendungen werden in einem Prozentsatze des Anlagekapitales angegeben und können als konstante Betriebskosten bezeichnet werden, im Gegensatze zu den Kosten des Brennmateriales, die von der Menge des erzeugten Stromes abhängen, demnach pro ausgebautes Kilowatt bei schlechterer oder besserer Ausnützung der Anlage niederer oder höher sind und infolgedessen als variable Betriebskosten bezeichnet werden.

Die Frage nach den Gestehungskosten der kWh bei Wasserwerken, bei welchen nur die konstanten Betriebskosten in Rechnung zu setzen sind, beantwortet sich am einfachsten an Hand des graphischen Bildes (Fig. 1).

In diesem Bilde geben die Abszissen die Ausnützung der Anlage in Prozenten an[1]), als Ordinaten sind die Jahreskosten pro ausgebautes Kilowatt aufgetragen, d. i. also die Summe der

---

[1]) 8760 Benützungsstunden pro Jahr entsprechen einer Ausnützung von 100%.

Amortisation und Verzinsung des Anlagekapitales und der Kosten der Erhaltung der Anlage pro Kilowatt. Jeder der vom Ursprung ausgehenden Strahlen enthält dann, wie eine einfache Überlegung zeigt[1]), Punkte, welche gleiche Stromkosten pro kWh darstellen. Betragen beispielsweise die gesamten Betriebskosten einer Wasserwerksanlage 100 K pro ausgebautes Kilowatt (entsprechend etwa Anlagekosten von 1000 K pro Kilowatt, wie sie vor dem Kriege als Durchschnitt in Rechnung gesetzt werden konnten, und einem Satze von 10% für Amortisation, Verzinsung usw.), so betrachtet man die Horizontale mit der Ordinate 100 bzw. ihre Schnittpunkte mit den Strahlen, die die kWh-Preise angeben. Der Punkt A dieser Horizontalen, der beispielsweise der Ausnützung von 60% entspricht, liegt auf dem Strahle, der den Strompreis von 1,9 h pro kWh angibt.

Eine nach landläufigen Begriffen vor dem Kriege billige Wasserkraftanlage, die nur 600 K pro ausgebautes Kilowatt kostete, daher zirka 600 K jährliche Gesamtkosten pro Kilowatt aufweist, erzeugt bei 30%iger Ausnützung die kWh nicht billiger als 2 h (Punkt B des Graphikons) und müßte schon mit einer Ausnützung von zirka 67% arbeiten, um Stromkosten von 1 h pro kWh zu ergeben (Punkt C).

Um auf Strompreise von 0,5 h zu kommen, dürften die Jahreskosten pro Kilowatt 30 K, die Anlagekosten also pro Kilowatt 300 K nicht übersteigen, wenn die Ausnützung nicht besser als 67% ist (Punkt D). Eine Anlage, deren Jahreskosten höher sind als 43,80 K, deren Anlagekosten also größer sind als 438 K pro ausgebautes Kilowatt, hat schon bei vollkommener, 100%iger Ausnützung Gestehungskosten der kWh, die höher sind als 0,5 h (s. Punkt E des Graphikons).

---

[1]) Ein ausgebautes Kilowatt kann, wenn es vollkommen, d. h. durch 8760 Stunden im Jahre ausgenützt wird, 8760 kWh leisten. Wenn die jährlichen Gesamtkosten einer Anlage pro ausgebautes Kilowatt γ K betragen, so kostet bei vollkommener Ausnützung eine kWh $\frac{\gamma}{8760}$ K. Nachdem die Ausnützung x% beträgt, kostet eine kWh $\frac{\gamma}{8760} \cdot \frac{100}{x}$ K. In allen Fällen also, wo der Wert $\frac{\gamma}{x}$ der gleiche ist, ist auch der kWh-Preis der gleiche, d. h. es liegen die Punkte gleichen kWh-Preises auf Strahlen, die durch den Ursprung gehen.

An der Seeküste Norwegens und Dalmatiens gibt es vereinzelte Werke, bei denen der Gestehungspreis der kWh zirka 0,5 h beträgt. Diese Werke hatten überaus niedere Anlagekosten und

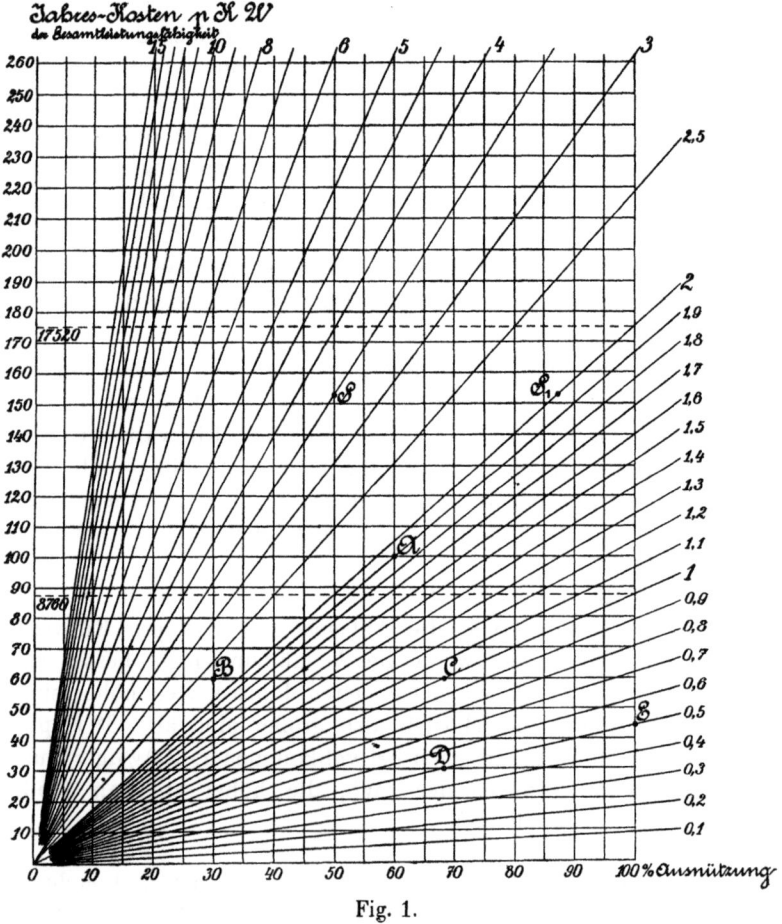

Fig. 1.

arbeiten mit überaus hoher Ausnützung. Solche Anlagen gehören aber zu den seltensten Ausnahmen.

Die hier als Beispiele angeführten Ziffern beziehen sich auf Anlagen, die vor dem Kriege ausgebaut wurden. Heute sind die Anlagekosten natürlich mit einem Vielfachen anzusetzen; es werden sohin auch die Stromkosten der jetzt gebauten Anlagen ein

Vielfaches der Stromkosten der alten Anlagen sein. Diese Verhältnisse werden zwar aller Voraussicht nach besser werden, es wird aber nie mehr möglich sein, Wasserkraftanlagen zu so

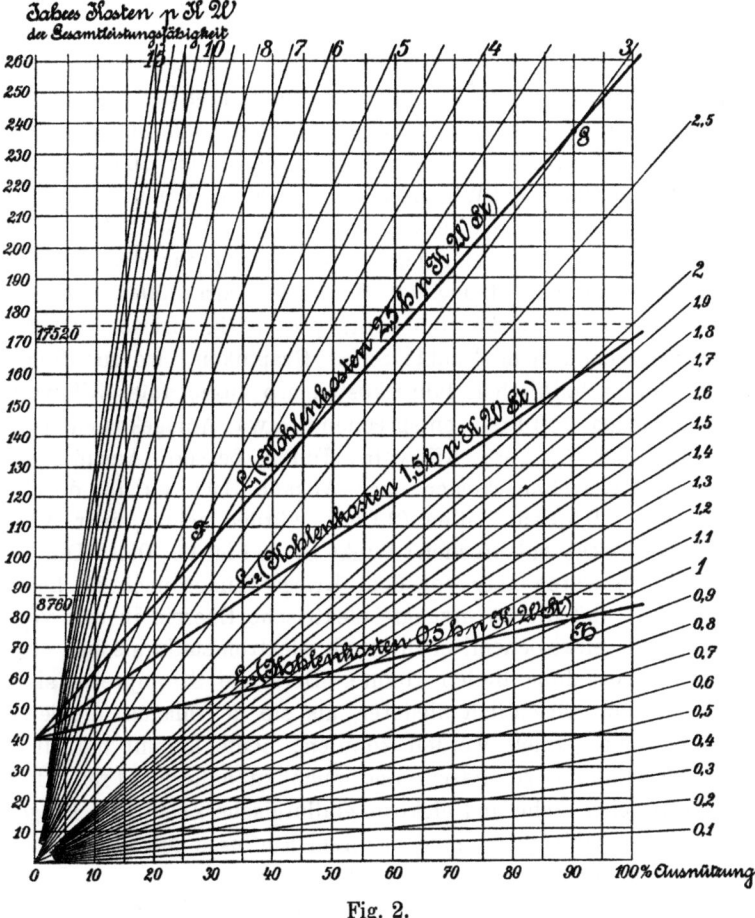

Fig. 2.

billigen Preisen zu errichten, wie es früher der Fall war. Es wird sich hier ein ähnliches Verhältnis herausstellen, wie es beim Vergleich zweier Industrieunternehmen der Fall ist, wo das eine mit amortisierten Einrichtungen gegenüber einem neuen mit hohen Amortisations- und Verzinsungskosten immer einen großen Vorteil für die Kalkulation aufweist. Es ist die Anwendung aller Errungenschaften der Technik notwendig, um eine neue Anlage einer amortisierten Anlage gegenüber konkurrenzfähig zu machen, selbst wenn letztere mit veralteten Einrichtungen arbeitet. Das billige Bauen wird also bei den Wasserkraftanlagen in Hinkunft ein noch dringenderes Gebot sein, als bisher.

In einer Studie über die „Bedeutung der Wasserkräfte und Richtlinien ihrer Ausnützung und Verwertung" gibt Ing. Härry in der Schweizer Wasserwirtschafts-Zeitung, 1915, an, daß in der Schweiz in 30 größeren Wasserwerken von über 1000 PS im Jahre 1913 663 000 000 kWh produziert wurden. Wenn auch einzelne dieser Werke Gestehungskosten der kWh haben, die 1 Cent. und weniger betragen, ergeben sich für den Durchschnitt bei einer Ausnützung der Werke von zirka 50 % die Gestehungskosten zu zirka 3,5 Cent. pro kWh. Diese Verhältnisse entsprechen dem Punkte S im Graphikon, woraus folgt, daß die durchschnittlichen Jahreskosten pro ausgebautes Kilowatt höher sind als 150 Frs., entsprechend etwa Anlagekosten von mehr als 1500 Frs. pro Kilowatt. Durch bessere Ausnützung könnten die Gestehungskosten nach Angabe Härrys auf durchschnittlich 2—2,5 Cent. fallen (2 Cent. würden schon einer Ausnützung von 87 % entsprechen; Punkt S_1 in Fig. 1). Diese Durchschnittspreise wären aber vor dem Kriege immer noch zu hoch gewesen, als daß die so erzeugte elektrische Energie in den vorbezeichneten elektrochemischen und elektrometallurgischen Industrien Verwendung finden könnte. Derartige Strompreise sind allerdings noch wesentlich niederer, als sie in Anlagen, die jetzt gebaut würden, erzielt werden könnten; heute kommt natürlich elektrische Energie zu diesem und auch zu höherem Preise für viele elektrochemische und elektrometallurgische Zwecke in Frage. Diese Preisverschiebungen sind in ihrem Einflusse auf die Energiewirtschaft einstweilen noch unberechenbar.

Auch zur Beantwortung der Frage nach den Gestehungskosten der kWh bei Wärmekraftanlagen läßt sich ein graphisches Bild, wie das vorstehend besprochene, darstellen (Fig. 2). Hier kommen zu den konstanten jährlichen Gesamtkosten noch die variablen Betriebskosten für Brennmaterial hinzu. Wenn beispielsweise die konstanten Betriebskosten (Amortisations-, Verzinsungs-, Erhaltungskosten u. dgl.) 40 K pro ausgebautes Kilowatt betragen, was 13 % von zirka 300 K Anlagekosten, mit denen im

Frieden unter günstigen Verhältnissen zu rechnen war, entspricht, so ist vom Punkte O_1 in Fig. 2 mit der Ordinate 40 ein Strahl zu ziehen, welcher zu jenem von O ausgehenden Strahl parallel ist, der so viel Hellern pro kWh entspricht, als das Brennmaterial pro kWh kostet. Z. B. ist bei einem Brennmaterialpreise von 2,5 h pro kWh von O_1 aus eine Parallele zum Strahle mit der Bezeichnung 2,5 zu ziehen. Aus den Schnittpunkten dieser von O_1 ausgehenden Linie L_1 mit den von O ausgehenden Strahlen ist für jede Ausnützung der entsprechende Strompreis zu entnehmen. Will man bei irgendeiner Ausnützung die Kosten der kWh finden, so braucht nur gesucht zu werden, auf welchen bzw. zwischen welchen von O ausgehenden Strahlen der Punkt dieser Linie liegt, dessen Ausnützung durch seine Abszisse gegeben ist.

In einer Dampfanlage, deren konstante Betriebskosten 40 K pro ausgebautes Kilowatt und Jahr betrugen und bei welcher 2,5 h pro kWh an Brennmaterial aufzuwenden waren, betrugen die gesamten Gestehungskosten des elektrischen Stromes bei 30 % Ausnützung (Punkt F) 4 h, bei 90 % Ausnützung (Punkt G) 3 h.

Man erkennt ferner auch aus dem Graphikon, daß die Gestehungskosten der kWh bei Dampfkraftanlagen nur dann nicht mehr als 1 h betrugen, wenn die Kohlenkosten nicht höher als 0,5 h pro kWh waren und gleichzeitig die Ausnützung der Anlage 90 % betrug (Punkt H).

Die Anlagekosten einer Dampfkraftzentrale sind nun naturgemäß heute um ein Vielfaches der Kosten vor dem Kriege höher. Wenn früher mit einem günstigen Preise von 300 K, mit einem Durchschnittspreise von 400 K pro ausgebautes Kilowatt für ein größeres Dampfelektrizitätswerk gerechnet werden konnte, so ist heute mit dem Zehn- und Zwanzigfachen zu rechnen und selbst die rosigsten Hoffnungen für die Zukunft dürfen nicht so weit gehen, daß man erwartet, der Preisabbau werde in absehbarer Zeit auch nur bis auf das Doppelte der Preise vor dem Kriege fortschreiten. Keinesfalls dürfte man sich solchen Erwartungen bezgl. Maschinen und elektrotechnischen Materialien hingeben. Hinsichtlich der Brennmaterialien kann wahrscheinlich noch lange nicht mit wesentlichen Preisreduktionen gerechnet werden.

Wenn man sich bemühen wollte, alle in Frage kommenden Faktoren zu bewerten, um diese Werte den Berechnungen, die man zur Beurteilung künftiger Energiepreise anstellt, zugrunde zu legen, so käme man zur Einsicht, daß jegliches derartiges Beginnen müßig ist, wo heute leider alles auf schwankenden Füßen steht und die Ereignisse im wirtschaftlichen Leben sich überholen, bevor man sich ihrer noch ganz bewußt geworden ist. Irgendeine Annahme über Preisgestaltungen hat nicht mehr Anspruch auf Wahrscheinlichkeit, als irgendeine andere. Deshalb sei hier vermieden, auf die Prophezeiung von Preisverhältnissen der Zukunft einzugehen. Ziffern, die sich auf heutige Verhältnisse beziehen, sind morgen nicht mehr wahr und haben infolgedessen auch keinen Wert. Wenn nun aber der Versuch gemacht werden soll, die Gestehungspreise der aus Wasserkraftanlagen gewonnenen Energie mit Energie aus Dampfkraftanlagen zu vergleichen, so erscheint es zweckmäßiger, diesen Vergleich auf der realen und stabileren Grundlage der Vorkriegsverhältnisse aufzubauen, denn es kann eine gewisse Parallelität in den Schwankungen der Preise, die für die Gestehungskostenberechnung in beiden Fällen in Frage kommen, vorausgesetzt werden. Übrigens wird es sich zeigen, daß das Wesentliche, worauf hingewiesen werden soll, auch zutrifft, wenn diese Voraussetzung nicht ganz erfüllt ist.

Die beiden dargestellten Diagramme ermöglichen interessante Vergleiche zwischen den Stromgestehungskosten in Wasserkraft- und Dampfkraftanlagen. Schon ein Blick auf die Diagramme zeigt, daß die in Dampfkraftanlagen erzeugte elektrische Energie bei geringer Ausnützung selbst bei hohen Brennstoffkosten meist billiger ist als die in Wasserkraftanlagen erzeugte, während bei hoher Ausnützung die hydraulischen Anlagen in der Regel billigere Gestehungskosten aufweisen. Vergleicht man beispielsweise eine Wasserkraftanlage, deren Amortisations-, Verzinsungs- und Erhaltungsquote 100 K pro ausgebautes Kilowatt betrug, mit einer Dampfkraftanlage, deren konstante Betriebskosten 40 K pro Kilowatt und Jahr und deren Brenn- und Betriebsmaterialkosten 2,5 h pro kWh betrugen, so ergeben sich die Gestehungskosten

	der Wasserkraftanlage	der Dampfkraftanlage
bei 10%iger Ausnützung zu	11,4 h p. kWh	7,1 h p. kWh
,, 20% ,, ,, ,,	5,7 ,, ,,	4,8 ,, ,,
,, 30% ,, ,, ,,	3,8 ,, ,,	4,0 ,, ,,
,, 40% ,, ,, ,,	2,8 ,, ,,	3,6 ,, ,,
,, 50% ,, ,, ,,	2,3 ,, ,,	3,4 ,, ,,
,, 70% ,, ,, ,,	1,6 ,, ,,	3,2 ,, ,,
,,100% ,, ,, ,,	1,1 ,, ,,	3,0 ,, ,,

Die hier zugrunde gelegten Amortisations-, Verzinsungs- und Erhaltungskosten, ebenso wie der Preis für Brenn- und Betriebsmaterialien, trafen für die Verhältnisse vor dem Kriege für größere Elektrizitätswerke, beispielsweise beiläufig für das Wiener Elektrizitätswerk, zu. Für bayrische Verhältnisse ist in einer Denkschrift über den Ausbau des Walchenseewerkes mit ähnlichen Ziffern für Dampfkraftwerke gerechnet[1]), dort sind auch für das Walchensee-Wasserwerk die Anlagekosten pro Kilowatt bei einer 9%igen Verzinsungs-, Amortisations- und Erhaltungsquote mit 900 M. angegeben, was einem Jahresaufwande von zirka 100 K pro Kilowatt, wie auch oben angenommen, entspricht.

Was nun die Ausnützung betrifft, sei darauf hingewiesen, daß unter den Werken, deren Ausnützung in der Statistik der Elektrizitätswerke angegeben ist, sich etwa

14 Werke mit einer Ausnützung von weniger als 10%
183 " " " " " 10—20%
13 " " " " " 20—30%
14 " " " " " 30—40%
5 " " " " " mehr als 40%

vorfinden. Es sind demnach die meist auftretenden Ausnützungen 10—20%. Die größten in dieser Statistik angeführten Werke, wie die Wiener und die Berliner Elektrizitätswerke, die schlesischen Elektrizitätswerke, die großen Saarbrückner Werke der Kgl. Bergwerksdirektion, weisen Ausnützungen von 20—27% auf.

Mit diesen Verhältnissen steht auch eine Zusammenstellung Klingenbergs über die Erzeugungskosten der elektrischen Energie in Deutschland im Einklang: er führt in einem im Jahre 1915 in der Jahresversammlung des Verbandes deutscher Elektrotechniker in Frankfurt gehaltenen Vortrage[2]) an, daß in Deutschland 4040 öffentliche Elektrizitätswerke mit 2 Millionen ausgebauten Kilowatt vorhanden sind, die 12650 Ortschaften mit 45 Millionen Einwohnern versorgen, und berechnet die mittleren Erzeugungskosten ab Kraftwerk zu rund 4 Pf. pro Kilowatt.

Die Ursache der verhältnismäßig geringen Ausnützung von Elektrizitätswerken liegt darin, daß der Kraftbedarf der meisten industriellen Anlagen, insbesondere aber der Kraftbedarf für

---

[1]) Ausbau und Verwertung der Walchenseekraft für ein Bayernwerk. Technik und Wirtschaft, Mai 1916.

[2]) Elektrische Großwirtschaft unter staatl. Mitwirkung. E. T. Z., 1916.

praktische Zwecke und unter diesen wieder in erster Linie der Kraftbedarf für Beleuchtung, große Schwankungen aufweist.

Die Fig. 3—6 zeigen beispielsweise die Belastung der Zentrale I der städtischen Elektrizitätswerke Wien und geben beiläufig ein Bild über die großen Schwankungen, welche im Elek-

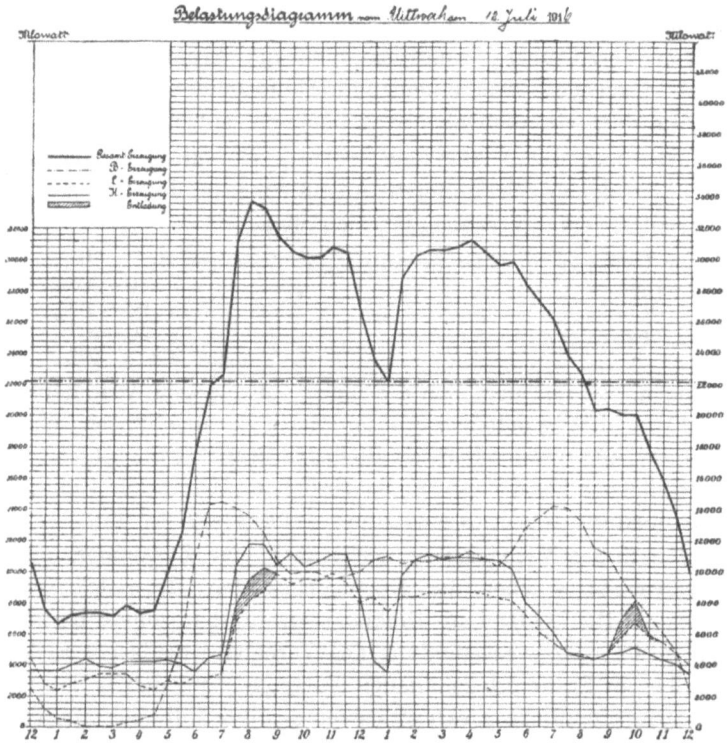

Fig. 3.

trizitätsbedarfe einer Großstadt im Laufe eines Tages auftreten. Man sieht dort zunächst unten drei Kurven, eine schwach ausgezogene, eine strichpunktierte und eine gestrichelte, die sich auf Bahn-, Licht- und Kraftstrom beziehen; darüber ist dann die Summenkurve verzeichnet, welche die Menge des gesamten erzeugten Stromes versinnbildlicht. (Die schraffierten Flächen stellen die durch Akkumulatorenstrom in den Unterstationen abgegebene Strommenge dar und haben auf die hier vorliegenden Fragen keinen Bezug.) Die vier Graphika beziehen sich auf vier Tage,

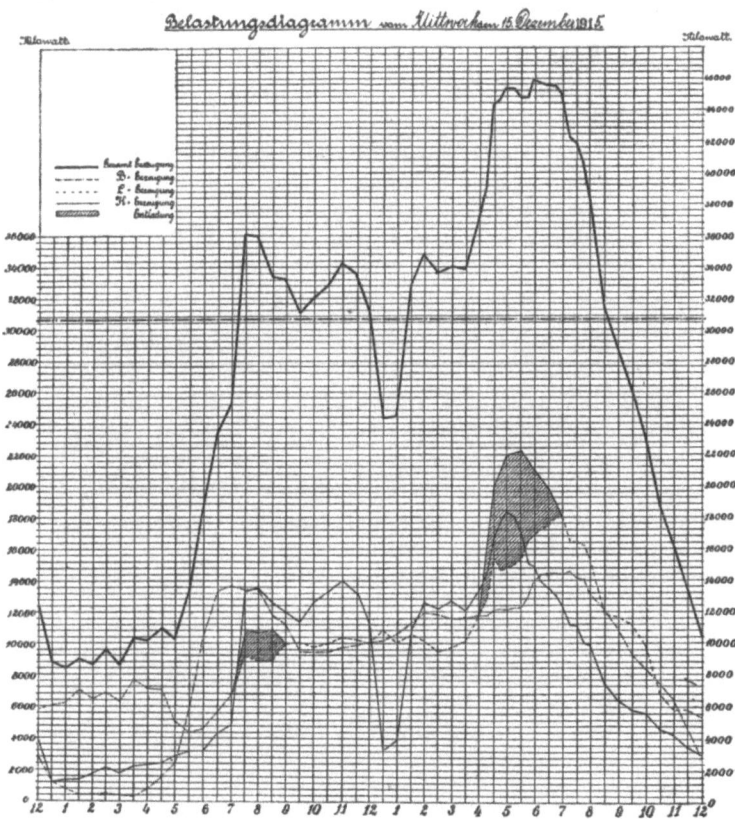

Fig. 4.

und zwar auf einen Sommer- und Winterwochentag und auf einen Sommer- und Wintersonntag. In einem solchen Belastungsdiagramm spiegelt sich die Geschichte der Großstadt wider.

Im Wochentagsdiagramm sieht man zwischen $1/_2 7$ und $1/_2 9$ Uhr früh und zwischen $1/_2 6$ und 8 Uhr abends den gesteigerten Verkehr auf der Straßenbahn. Man erkennt an der die Stromabgabe für Kraftzwecke darstellenden Linie die Arbeitszeit der Fabriken von zirka 7 Uhr vormittags bis 12 Uhr mittags und von ½2 Uhr nachmittags bis 6 oder 7 Uhr abends; deutlich kommt die Mittagspause zwischen 12 und ½2 Uhr zum Vorschein. Im Sonntagsdiagramm zeigt die Linie, die den Stromverbrauch für Kraftzwecke

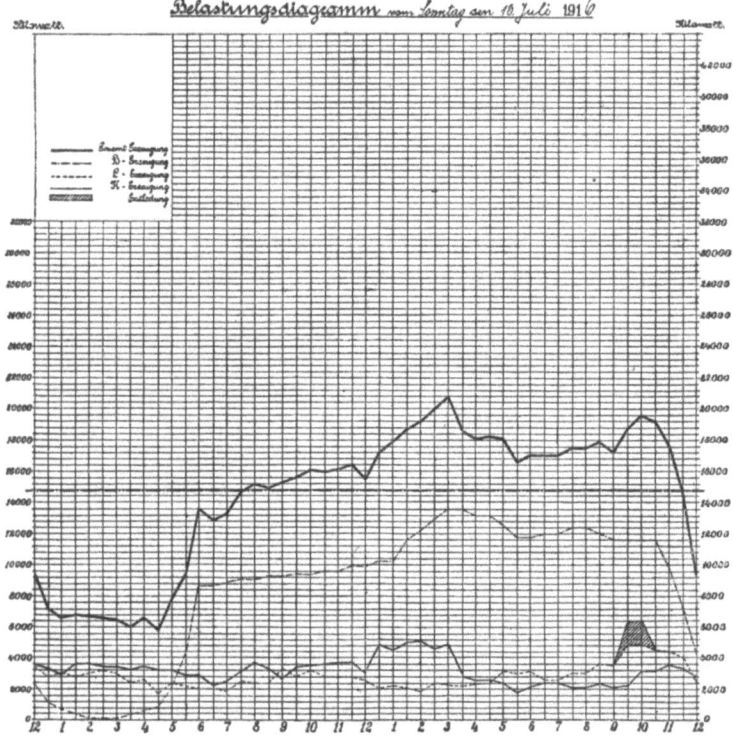

Fig. 5.

darstellt, einen kleinen, fast konstanten Verbrauch. Typisch ist die Kurve des Stromverbrauches für Lichtzwecke; sie zeigt im Sommer an Werktagen tagsüber einen höheren Verbrauch als nachts, es wird also bei der Arbeit in Bureaus und in Fabriken mehr Licht gebraucht als in den Nachtstunden, die erst spät beginnen. Im Gegensatz hierzu zeigt das Bild des Strombedarfes für Lichtzwecke im Winter am Sonntag zwischen 4 Uhr nachmittags und 11 Uhr nachts ein Maximum, welches aber noch mäßig ist gegenüber der Spitze, die sich im Lichtstrombedarf in der Zeit zwischen 4 Uhr nachmittags und 7 Uhr abends an einem

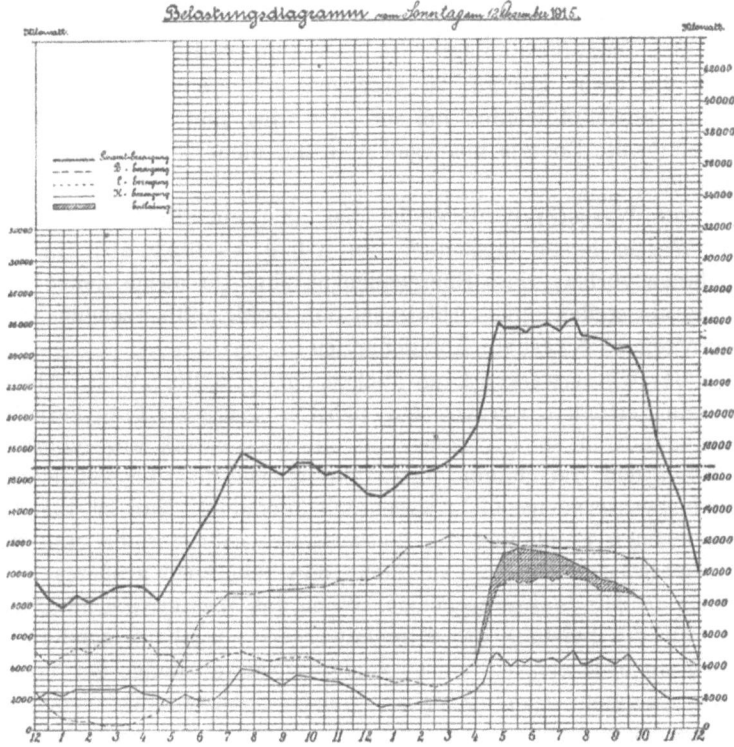

Fig. 6.

Winterwochentage zeigt, wo außer in den Wohnungen und in den Straßen noch in allen Bureaus und Werkstätten Licht gebraucht wird.

Alle diese Schwankungen zeigen sich summiert, zum Teil ausgeglichen, zum Teil vergrößert in der Summenkurve, die uns zumeist interessiert.

Eine Kraftzentrale, welche ein Versorgungsgebiet mit so

schwankendem Bedarfe befriedigen soll, muß für die auftretende Maximalleistung groß genug und außerdem noch mit Reserven ausgestattet sein. Ausgenützt wird aber nur ein kleiner Teil der Gesamtleistungsfähigkeit, und zwar kann man sagen, daß durchschnittlich in den Elektrizitätswerken von je 100 kWh, die erzeugt werden könnten, nur etwa 25 kWh tatsächlich ausgenützt werden, die übrigen 75 % sind unausgenützt.

Bei Dampfkraftanlagen ist dies kein vollständiger Verlust, denn um mehr Energie zu erzeugen, hätte entsprechend mehr Kohle verbrannt werden müssen. Da dies aber nicht geschehen ist, bleibt die Energie unausgelöst in der nicht verbrannten Kohle erhalten.

Bei Wasserkraftanlagen ist dies aber ein effektiver Verlust; das Wasser leistet tatsächlich die Arbeit, es fließt aber an den Turbinen vorbei; diese Energiemengen sind für ewige Zeiten verloren, sie stellen einen Abfall bei der Elektrizitätserzeugung dar, wir nennen sie deshalb Abfallenergien.

Bei Wasserwerken kann auch noch auf andere Weise Abfallenergie verfügbar werden. Die meisten Energieverbrauchsstellen können nur in solcher Menge an ein Wasserwerk angeschlossen werden, daß die Summe ihres Energiebedarfes die auftretende Mindestwassermenge nicht wesentlich übersteigt. Nun ist aber bei den meisten Flußläufen die Wassermenge sehr variabel und das Maximalwasser oft das Zehnfache oder ein noch größeres Vielfaches der Minimalwassermenge. Wenn das Wasserwerk nun nicht nur für die Leistung des Minimalwassers ausgebaut, sondern in größerem Stile angelegt ist, so sind zu gewissen Zeiten des Jahres noch Energiemengen verfügbar, welche auch als Abfallenergien zu bezeichnen sind.

Fig. 7 gibt beispielsweise die Wassermengen des Inn oberhalb Rosenheim in Kubikmetern pro Sekunde in den verschiedenen Monaten des Jahres an. Die Mindestwassermenge tritt im Monate Februar auf und beträgt nur 70 cbm pro Sekunde, während die maximale Wassermenge an einzelnen Tagen des Monates Juni über 1500 cbm pro Sekunde beträgt, also mehr als 20mal so groß ist. Während der Zeit zwischen Mai und September ist die Wassermenge immer größer als 400 cbm pro Sekunde. Bei den herrschenden Gefällsverhältnissen entspricht die Minimalwassermenge von 70 cbm einer Kraftmenge von beiläufig 10 000 PS, die

Wassermenge von 400 cbm pro Sekunde würde mehr als 50 000 PS ergeben. Da aber während des ganzen Jahres nur 10 000 PS verläßlich erhältlich sind, können Energieverbrauchsstellen, welche jederzeit über die Kraftmenge, mit welcher sie an diese Zentrale angeschlossen sind, verfügen müssen, natürlich nur bis zu dieser Gesamtmenge von 10 000 PS angeschlossen werden. Die übrigen 40 000 PS stehen nur zuzeiten entsprechend hohen Wasserstandes im Sommer zur Verfügung.

Diese Abfallenergie kann zwar nicht als kostenlos bezeichnet werden, weil sie eben nur dann verfügbar ist, wenn zum Zwecke

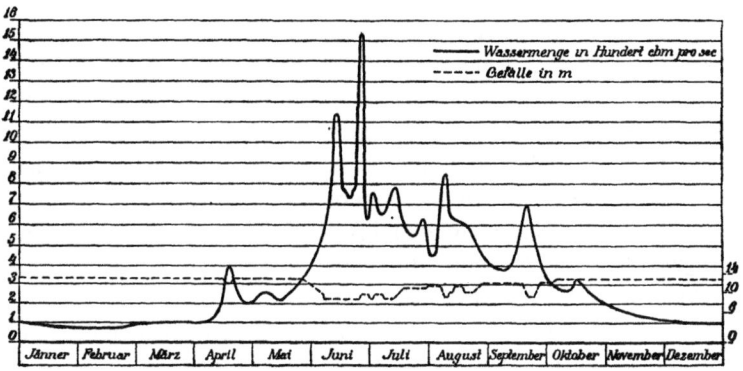

Fig. 7.

ihrer Verwertung die Anlagen entsprechend größer gebaut, also gewisse Mehrinvestitionen gemacht worden sind, deren Verzinsung und Amortisation ihr zur Last fallen. Die Mehrinvestitionen für den vergrößerten Ausbau sind aber verhältnismäßig gering, und es sind deshalb, obwohl die Mehrleistung des Werkes nicht durch das ganze Jahr hindurch, sondern nur während der Monate höheren Wasserstandes ausgenützt werden kann, die auf diese Weise erzeugten Energiemengen meist so billig, daß ihre Verwendung für Zwecke, die niedere Stromkosten erfordern, möglich ist.

Die hier besprochenen Arten von Abfallenergien, die bei Wasserkraftanlagen auftreten und deren Vorhandensein einerseits durch die stündlichen Schwankungen im Strombedarfe und anderseits durch die natürlichen Schwankungen in den vorhandenen Wassermengen im Laufe des Jahres hervorgerufen wird, werden oft auch als Überschußkräfte bezeichnet.

Im vorhergehenden wurde also gezeigt, daß erstens die modernen Industriezweige, deren Produkte für die Volkswirtschaft von größtem Interesse sind, nicht nur große Strommengen, sondern besonders billigen Strom brauchen, und daß zweitens, wenn die Ausnützung noch so günstig ist, der durchschnittliche Strompreis nur unter besonderen und seltenen Verhältnissen so niedrig werden kann, wie es für diese Industrien notwendig ist. Dahingegen kann Abfallenergie zu solchen Zwecken billig genug beschafft werden.

Die Menge der verfüglichen Abfallenergie ist aber desto größer, je schlechter die Ausnützung, d. h. je geringer die Benützungsdauer der angeschlossenen Strommengen bei den einzelnen Konsumenten ist. Die Volkswirtschaft hat sonach, wenn sie Abfallenergie in großen Mengen verfüglich haben will, ein Interesse an solchen Konsumenten, die ihren Anschluß schlecht ausnützen und einen Strompreis bezahlen können, wie er den hohen Gestehungskosten bei schlechter Ausnützung entspricht. Infolgedessen zeigt sich bei Werken, die für besonders billige Energie Verwendung haben, die sonderbare Notwendigkeit, daß sie Konsumenten mit geringer Benützungsdauer, die entsprechend hohe Strompreise zahlen können, suchen müssen.

Dies gibt aber gewisse Fingerzeige für jene Tarifpolitik, die nicht nur gegen den Konsumenten gerecht sein, sondern auch die berechtigten Interessen der Volkswirtschaft möglichst vertreten will. Wenn man die Expansionsbestrebungen der Elektrizitätswerke in diesem Lichte betrachtet, muß man sich fragen, ob es auf dem Wege, der hier allgemein gegangen wird, überhaupt je möglich sein wird, über die großen Mengen Abfallenergie, wie sie die Volkswirtschaft in einigen Zweigen der elektrochemischen Industrie braucht, verfügen zu können.

Beispielsweise wird die Verwendung von elektrischem Strom zu Koch- und Heizzwecken von hydroelektrischen Zentralen in der Schweiz stark propagiert. Man hat berechnet, daß das elektrische Kochen dem Kochen mit Gas gegenüber konkurrenzfähig ist, wenn 1 kWh nicht mehr kostet als $1/3$ cbm Gas, und daß das Heizen mit Elektrizität in Frage kommt, sobald 1 kWh nicht mehr kostet, als etwa 0,18 kg Koks[1]). Es ergaben sich für die Ver-

---

[1]) Dir. Ringwald, Verwendung der Elektrizität zu Koch- und Heizzwecken. Schweizerische Wasserwirtschaft, 1915, No. 4, 5.

hältnisse der kohlenarmen Schweiz, wo schon vor dem Kriege 80 000 000 Frs. pro Jahr für Kohle zu Koch- und Heizzwecken ins Ausland gingen, zulässige Strompreise von 8 Cent. pro kWh zu Kochzwecken und von 2,3 Cent. pro kWh zu Heizzwecken. Wenn es auch auf die dortigen Verhältnisse mit Rücksicht auf die Wichtigkeit, welche die Verringerung des Kohlenimportes für die Schweiz hat, von volkswirtschaftlichem Werte ist, das Kochen und Heizen mit Elektrizität zu propagieren, so mußte man doch bei österreichischen Wasserkraft-Elektrizitätswerken vor dem Kriege in jedem einzelnen Falle fragen, ob diese Bestrebungen für unsere Volkswirtschaft nicht in den Hintergrund rücken gegenüber anderen Bedürfnissen, deren Befriedigung wichtiger war. Es war auch in manchen Gegenden Österreichs, z. B. in den Alpenländern, das Heizen mit Elektrizität für den Einzelnen rentabel, wenn der Strompreis für das Heizen nicht mehr als etwa 1,5 h pro kWh betrug. Die Ausbreitung des Absatzes des elektrischen Stromes auf solche Verwendungsgebiete verringert aber die Möglichkeit, große Mengen Abfallenergie zu weitaus billigeren Preisen abgeben zu können. Obiger Preis wäre zu hoch gewesen, als daß er von den wichtigsten Zweigen der elektrochemischen Industrie hätte bezahlt werden können, und zu nieder, um eine wesentliche Verbilligung des Restes an verfüglicher Energie hervorzubringen. Jedenfalls aber hätte dieses Verwendungsgebiet die Menge verfüglicher Abfallenergie verringert.

Auch diese Verhältnisse haben sich natürlich jetzt verschoben. Österreich, welches früher der Schweiz gegenüber als Kohlenkrösus dastand, ist arm an Kohle geworden und es ist alles, was für die Schweiz mit Rücksicht auf die Kohlennot als gut und angemessen schien, nunmehr auch für Österreich gültig. Inwiefern Deutschland in seinem Kohlenvermögen eine Verkürzung erfahren wird, ist noch nicht abzusehen, aber es steht fest, daß sich auch dort die Verhältnisse zum Schlechteren gewendet haben. Nichtsdestoweniger kann sich hierdurch an der Wichtigkeit der Abfallenergieverwertung nicht viel ändern; es kann sich nur die Grenze verschieben zwischen dem, was als Abfallenergie im Sinne der vorstehenden Ausführungen bezeichnet werden kann, und jener Energie, die in der dem Abnehmer genehmen Menge, zu der ihm passenden Zeit und zu dem entsprechend hohen Preise abgegeben werden kann.

Wenn nun auch die Wasserkraft-Elektrizitätswerke unter Berücksichtigung aller vorerwähnten Momente den Bedürfnissen der Volkswirtschaft nachkommen und billige Abfallkraft in großen Mengen zur Verfügung stellen können, so müssen die einzelnen Industrien, die diese Abfallenergie verwenden, immerhin mit einer mit dem Wesen der Abfallenergie untrennbar verbundenen Eigenschaft rechnen: Abfallenergie ist zu. verschiedener Zeit in verschiedenen Mengen verfüglich. Es muß aber die Anlage, in welcher sie verwertet wird, so beschaffen sein, daß sie sich den Schwankungen anpaßt. Es sind also jene Verfahren und Produktionsmethoden für Abfallenergieverwertung am geeignetsten, welche entweder mit kleinen Einheiten arbeiten, die nach Belieben angelassen und abgeschaltet werden können, oder welche für größere Einheiten eingerichtet sind, deren Belastung möglichst rasch und oft verringert und wieder vermehrt werden kann, ohne daß der Nutzeffekt des Prozesses oder auch das Produkt durch die Diskontinuität wesentlich leidet. Von den elektrochemischen Verfahren erfüllt die Wasserstoffherstellung auf elektrolytischem Wege die erste Bedingung; sie kann mit beliebig kleinen Strommengen und beliebig intermittierend erfolgen. Das Gleiche gilt von der Luftsalpetererzeugung, deren Öfen nur etwa 600 kWh erfordern und ebenfalls beliebig abgestellt und angelassen werden können. Bezüglich der zweiten Art von Anpassung kann vielleicht der Helfensteinofen angeführt werden, für den bei Stromverminderungen bis zu zirka 60 % immer noch günstige Resultate garantiert werden. Jedenfalls hat aber in dieser Hinsicht die Elektrochemie noch ein weites Feld, da sie im allgemeinen sowohl große Kraftmengen als auch konstante Kraftquellen benötigt.

Prof. Baur macht den Vorschlag, mit den Abfallkräften zur Sommerzeit Wasserstoff zu erzeugen, große Gasometer damit zu füllen und das Gas dann zu Heiz- oder Leuchtzwecken zu verwenden. Er berechnet, daß die ganze Leuchtgasmenge, welche die Schweiz braucht, im Sommer aus Abfallkraft als Wasserstoff erzeugt und in 123 Gasometern zu 50 000 cbm aufbewahrt werden könnte. Die erforderlichen Anstalten würden nicht unsinnig große Dimensionen annehmen und er meint, daß man nach gewissen weiteren Verbesserungen der Fabrikationsmethoden noch dazu gelangen wird, auf diese Weise die elektrolytische Wasserzersetzung zur Aufspeicherung der Wärme in größerem Stile zu verwenden und hiermit den Schwankungen in der verfüglichen Kraftmenge zu begegnen. Bei Wärmekraftanlagen, wo ebenfalls wegen der Belastungsschwankungen große Mengen Abfallenergie vorhanden sein könnten, kann der Preis dieser Abfallenergie, wie schon erwähnt, nicht mehr so nieder sein, weil hier unter allen Umständen für jede erzeugte Kilowattstunde ein gewisses Quantum Brennmaterial aufgewendet, werden muß. Allerdings werden bei Verwendung aller verfügbaren Energie die Antriebsmaschinen der Zentrale unter gleichmäßigen Verhältnissen betrieben, wodurch die Verschlechterung der Wirkungsgrade bei stark schwankender Belastung vermieden und kontinuierlich unter günstigen Belastungsverhältnissen gearbeitet werden kann, was eine allgemeine Verringerung des Brennmaterialverbrauches zur Folge hat. Diese Verringerung beträgt aber nur einige Prozent und verbilligt die verfügliche Energie nicht sehr. Es könnten sohin diese Energiemengen nicht als Abfallenergien, für welche minimalste Gestehungskosten das wichtigste Charakteristikon sind, bezeichnet werden. Dies gilt für Wärmekraftanlagen, welche mit normalen Kohlenpreisen zu rechnen haben. Nur bei ausnehmend niederen Kohlenpreisen, bei denen die Kohlenkosten pro kWh gegenüber den anderen Betriebskosten nahezu verschwinden, wie es bei Verfeuerung von Abfallkohle früher der Fall sein konnte, wäre es vielleicht möglich, von Abfallenergie in gleichem Sinne wie bei Wasserkraftanlagen zu sprechen. Verhältnisse dieser Art haben sich aber auch schon vor dem Kriege nur unter besonders günstigen Verhältnissen ausnahmsweise vorgefunden.

Nichtsdestoweniger sind aber, wie später gezeigt werden wird, von einem anderen Gesichtspunkte aus auf dem Gebiete der Dampf- und Wärmetechnik Abfallenergien, die in ungeheuren Mengen und fast kostenlos zur Verfügung stehen, vorhanden; ebenso bieten sich hier unzählig viele Möglichkeiten dar, diese Abfallenergien zu verwerten. Hierbei fällt noch besonders ins Gewicht, daß die Bedeutung der aus Kohle oder überhaupt durch Umsetzung von Wärme in Arbeit erzeugten Energie weitaus größer ist, als die durch Wasserkraft zu gewinnende Energiemenge.

Prof. Schwemann (Aachen) sagt in einem Aufsatz[1]): „Die

---

[1]) **Verfügbare Energiemengen der Weltkraftwirtsckaft.** Technik und Wirtschaft, 1911, 8. Heft.

Kohle ist für die Weltkraftwirtschaft von so überwiegender Bedeutung, daß sie durch keine andere Kraftquelle ersetzt werden kann, auch in Zukunft nicht. So vorteilhaft es ist, andere Quellen in einzelnen Fällen mit heranzuziehen, so wird die Kohle doch die Grundlage unserer Wirtschaft bleiben. Wenn man bedenkt, daß heute die Weltgewinnung von Petroleum 11,4 Millionen, diejenige an Naturgas 3,7 Millionen und die der ausgenützten Wasserkräfte 3,4 Millionen PS darstellt, dagegen die Förderung an Kohle in Form von Kesselkohle, Gaskohle und Fettkohle 146,2 Millionen PS ergibt, so sieht man die gewaltige Überlegenheit der Kohle. Wenn wir ferner den Zuwachs an Kraft im nächsten Jahrzehnt beim Petroleum auf 5,2 Millionen, bei den Wasserkräften auf 2,6 Millionen PS schätzen und wenn wir dagegen die Steigerung an Kraft aus Kohle im vorigen Jahrzehnt, nämlich 35 Millionen PS, auch für das nächste Jahrzehnt dem gegenübersetzen, was keinerlei technische Bedenken hat, so wird uns ohne weiteres klar, daß auch fernerhin, wenigstens für die nächste Zukunft, die Kohlenkraft in der Weltwirtschaft Trumpf bleiben wird."

Auch Brecht führt an), daß Deutschland durch die 1,5—2 Mill. Kilowatt ausbauwürdiger Wasserkraftanlagen, die eine Jahresleistung von zirka 10 Milliarden kWh entsprechen, zwar die Hälfte der im Deutschen Reiche im Jahre 1917 insgesamt in öffentlichen und privaten Eigenanlagen erzeugten elektrischen Energie ersetzen könnte, daß aber der Gesamtenergieverbrauch Deutschlands, wie er vor dem Kriege herrschte, hierdurch nur um 6% verringert werden könnte.

Wie bescheiden der Anteil der Wasserkräfte am Gesamtenergiebedarfe im ehemaligen Österreich war, weist auch Dr. Walther Conrad[2]) nach, indem er berechnet, daß die Jahresdurchschnittsleistung der ausbauwürdigen Großwasserkräfte der österreichischen Alpenländer rund 1,9 Millionen PS beträgt, von denen zirka 400 000 PS bereits ausgebaut und 1,5 Millionen PS noch ausbaufähig sind. Mit 35% Ausnützung (3000 Benützungsstunden der Gesamtleistungsfähigkeit) gerechnet, wären zur Erzeugung der

---

[1]) G. Brecht, Berlin, Energiewirtschaft. Technik und Wirtschaft, April 1919, XII. Jahrg., Heft 4.

[2]) Die kaufmännische Bedeutung der Alpenwasserkräfte. Lehmann & Wentzel, Wien 1910.

Leistung von 1,5 Millionen PS 4,5 Millionen t Steinkohle notwendig. Diese Kohlenmenge beträgt kaum 7,5 % der seinerzeitigen österreichischen Kohlenproduktion. Man sieht also, daß von einem fühlbaren Einflusse der Wasserkraftausnützung auf die Kohlenproduktion im ehemaligen Österreich nicht die Rede sein konnte.

Diese Verhältnisse haben sich aber heute geändert. Der Kohlenbedarf des heutigen Österreich wird auf zirka 12 Millionen t geschätzt. Hiervon könnten, wenn man die Förderungsverhältnisse vor dem Kriege voraussetzt, etwa 12 % im Lande gewonnen werden. Dann stellt allerdings das den Wasserkräften Österreichs entsprechende Äquivalent an Kohle einen großen Teil des Mankos dar und es wird sohin der Ausbau der Wasserkräfte ein wichtiger Faktor nicht nur für die Kohlenwirtschaft, sondern auch für die Zahlungsbilanz.

Allerdings ist bei dieser Rechnung vorausgesetzt, daß die aus den Wasserkräften gewonnene Energie zum Ersatz solcher Energie, welche gegenwärtig aus Kohle erzeugt wird, zur Verwendung kommt. Hier käme also in erster Linie die Elektrifizierung der Dampfbahnen in Betracht. In industriellen Betrieben kann die Kohle in der Regel nur dann durch Wasserkraftenergie vollkommen ersetzt werden, wenn in dem betreffenden Betriebe lediglich Kraft und nicht auch Wärme für Fabrikationszwecke gebraucht wird, was, wie aus dem folgenden Kapitel hervorgehen wird, nur bei den wenigsten Industriezweigen der Fall ist.

Die Deckung des Kraftbedarfes der Bahnen durch Wasserkraftelektrizität könnte etwa ein Fünftel des Kohlenbedarfes Deutsch-Österreichs ersparen, und es ist begreiflich, daß infolgedessen die Elektrifizierung der österreichischen Bahnen als eines der wichtigsten Probleme zur Linderung der Kohlennot der Zukunft aufgefaßt wird. Aber auch hier scheint der Rechenstift noch nicht das letzte Wort gesprochen zu haben. Einerseits wird behauptet, daß das große Mißverhältnis zwischen den Anschaffungskosten einer elektrischen Lokomotive und einer Dampflokomotive die Rentabilität der elektrifizierten Bahnen beeinträchtigt, denn dem Preise einer elektrischen Lokomotive, die vor dem Kriege 200 000 Frs. kostete und heute etwa 840 000 Frs. kostet, stehen die Kosten einer schweren Berglokomotive, die heute nicht mehr als 340 000 Frs. betragen, gegenüber und der Preisunterschied von 500 000 Frs. soll genügen, um für 20 Jahre die zugehörigen Kohlenkosten zu decken[1]). Anderseits war die Rentabilität der Elektrifizierung der Bahnen auch dadurch beeinträchtigt, daß mit einem großen Bestande an Dampflokomotiven, deren Amortisation und Verzinsung auch nach der Elektrifizierung erfolgen müßte, zu rechnen war, wodurch der zulässige höchste Strompreis wesentlich herabgedrückt wurde. Dieses letztere Moment ist allerdings durch den schlechten Zustand, in dem alle Fahrbetriebsmittel, also auch die Lokomotiven, sich nach den vierjährigen schweren Beanspruchungen des Krieges befinden, und durch die Notwendigkeit schon aus diesem Grunde die Maschinen bis zu einem gewissen Minimum auszuscheiden, heute weniger ins Gewicht fallend, als vor dem Kriege.

Von ausschlaggebendster Bedeutung ist aber für alle Fälle die Tatsache, daß es sich bei dem Ersatz der Kohle durch Wasserkraftenergie nicht allein um Fragen der Rentabilität handelt, sondern um Fragen von allgemein volkswirtschaftlicher Bedeutung, welche die Verringerung des Kohlenverbrauches aus handelspolitischen und finanzpolitischen und für längere Zeit noch aus valutarischen Gründen fordert.

Die beste Handhabe aber zur Verringerung des Kohlenbedarfes bietet die Verwertung der Abfallkraft und Abfallwärme in der Dampf- und Wärmetechnik.

---

[1]) Ing. Hans Stephan, Die Kohlennot und die Elektrisierung der Bahnen. Zeitschrift des österr. Ingenieur- u. Architektenvereins, Heft 21, 23. Mai 1919.

III. Kapitel.

(Abfallenergieverwertung in der Wärmetechnik. — Wärmeausnützung in industriellen Feuerungen; Vorwärmer; Abhitzkessel. — Abfallenergie von Koksöfen und Hochöfen. — Abfallkohle.)

Das Problem der Abfallenergieverwertung in der Wärmetechnik weist eine solche Mannigfaltigkeit auf, daß eine umfassende allgemeine Darstellung seiner Lösungen nicht gut möglich ist. Um einigermaßen eine systematische Darstellung zu versuchen, sei vorerst die Abfallenergie, die sich in den Verbrennungsprodukten der verschiedensten Brennmaterialien findet, behandelt, nachher sei die Verwertung der Abfallenergie auf dem engeren Gebiete der Dampfverwendung besprochen.

Überall, wo Brennstoffe verbrannt werden, findet sich Abfallwärme.

Die Rückstände der Verbrennung und die bei der Verbrennung entweichenden Gase haben, selbst nachdem sie ihren eigentlichen Zweck erfüllt haben, noch verhältnismäßig hohe Temperaturen; sie enthalten also Abfallwärme, welche vielfach verwendet werden kann.

Die Temperatur der Abgase ist naturgemäß je nach dem Zwecke, zu welchem die betreffenden Feuerungen verwendet werden, verschieden. In Dampfkesselfeuerungen können die Abgase bis auf Temperaturen von 250—300° in den Kesselzügen wirtschaftlich ausgenützt werden. In den Abgasen der Kessel sind unter diesen Verhältnissen nur mehr 15—25 % des Heizwertes der Kohle als Abfallwärme enthalten.

Diese Abgase werden noch zur Vorwärmung des Kesselspeisewassers oder zur Erwärmung von Fabrikationswässern mehr oder weniger vollkommen, das ist bis zu jener Grenze, die durch die Zugbedürfnisse und die Eigenart der Feuerungsanlagen gegeben ist, ausgenützt.

Ebenso wie Wasser und andere Flüssigkeiten, kann auch Luft durch die in den Abgasen enthaltene Abfallwärme erhitzt werden. Es bürgern sich immer mehr und mehr solche Lufterhitzungsapparate für Trockenkammern aller Art ein. Wenn durch solche Einrichtungen zur Wasser- oder Lufterwärmung etwa die Hälfte der in den Abgasen enthaltenen Abfallwärme ausgenützt wird, so ist nur mehr ein sehr kleiner Rest, dessen weitere Ausnützung kaum mehr rentabel erscheint, verfüglich. Tatsächlich arbeiten derartige Feuerungsanlagen mit Nutzeffekten bis zu 85 %; der dann noch erübrigende Verlust kann und muß oft als nicht leicht vermeidlich mit in Kauf genommen werden.

Anders verhält es sich aber bei Feuerungen der hüttenmännischen Betriebe, der Glasindustrie, der keramischen Fabriken u. dgl. m. Hier handelt es sich darum, Metalle oder Glasgemische auf 1000° C und mehr zu erhitzen, bei diesen Temperaturen zu schmelzen und zu bearbeiten. In diesen Öfen können die Feuergase in der Regel auch nicht weiter, als bis höchstens 1000° ausgenützt werden. Die Abgase verlassen diese Öfen daher mit verhältnismäßig sehr hoher Temperatur und führen große Mengen Wärme mit sich. Die Menge der in den Abgasen solcher Öfen enthaltenen Abfallwärme ist sogar weit größer, als die in den Öfen nutzbar verwertete. Hier ist also für die Verwendung der Abfallwärme ein sehr dankbares Gebiet vorhanden.

Moderne, direkt gefeuerte bzw. mit Halbgasfeuerung versehene Öfen für Walzwerkzwecke weisen in einzelnen günstigen Fällen eine Wärmeausnützung von 15—20 % auf, Glühöfen in Preß- und Hammerwerken sollen nach Studien von Kupelwieser über die Benützung der Überhitze von Puddel- und Schweißöfen zur Dampferzeugung mit Nutzeffekten von nur 8—10 % arbeiten. Der Rest der von der verbrannten Kohle erzeugten Wärme ist zwar nicht zur Gänze in den Abgasen enthalten, denn es ist auch zur Deckung der Leitungs- und Strahlungsverluste ein Teil dieser Wärme aufgezehrt worden; die Abgase enthalten aber immer noch 60—70 % der auf dem Rost erzeugten Wärme.

Die Verwertung der Abfallwärme solcher Öfen erfolgt vorteilhaft in Abhitzkesseln[1]). Die in den Abgasen enthaltene Wärme wird auf diese Weise noch zur Dampferzeugung verwendet. Neben der Dampferzeugung in Abhitzkesseln gibt es noch andere Ver-

---

[1]) Peter, Die Abhitzkessel, eine Darstellung der Dampferzeugung mittels Abwärme von Öfen- und Hochofengichtgasen. Wilhelm Knapp, Halle a. S., 1912.

wertungsmöglichkeiten für die Abhitze derartiger Öfen; sie kann zur Vorerwärmung des Einsatzes oder zur Vorerwärmung der Verbrennungsluft verwendet werden; diese Verwendungsmöglichkeiten haben sich aber in der Praxis als nicht so wirtschaftlich und nicht so einfach gezeigt, wie die Dampferzeugung in Abhitzkesseln.

Die Kosten der Dampferzeugung reduzieren sich hierbei lediglich auf die Amortisation und Verzinsung des Anlagekapitales für den Abhitzkessel und die Kosten der Erhaltung und Bedienung. Prof. Peter rechnet ein Beispiel für eine Martinofenanlage mit 6 Öfen à 30 t Einsatz (5 in Betrieb, 1 in Reserve) aus, nimmt an, daß die Abhitze dieser Öfen zur Dampferzeugung und der Dampf zur Krafterzeugung benützt wird und kommt bei hohen Ansätzen für alle Ausgaben auf Erzeugungskosten von 1 Pf. für 1 kWh.

Die Menge der auf diese Weise erhältlichen und verfüglichen Abfallenergie beträgt 7—8 PS-Stunden pro Meterzentner Stahl.

Ähnliche Verhältnisse finden sich auf vielen anderen hüttenmännischen Gebieten. In Zinkhütten können sehr große Abfallkraftmengen gewonnen werden.

Diese Arten der Abfallenergie werden auch tatsächlich in vielen Betrieben verwertet; es hat sich aber die Abfallenergieverwertung durch Abhitzkessel noch verhältnismäßig wenig Bahn gebrochen und es gibt eine große Anzahl solcher Öfen, deren heiße Gase unausgenützt bleiben.

Eine noch viel größere Menge von Abfallwärme ist überall dort vorhanden, wo die Abgase der Brennmaterialien nicht nur in Form hoher Temperatur, sondern auch chemisch gebundene Wärme entführen, d. h. brennbare Gase enthalten, wie in Koksgewinnungsanlagen und Hochöfen. Die hieraus zu gewinnenden Energiemengen berechnet Prof. Schwemann (l. c.) für Koksofenanlagen in Deutschland zu 5,7 Milliarden PS-Stunden pro Jahr, im ehemaligen Österreich zu 700 Millionen PS-Stunden. Insgesamt berechnet Schwemann die aus Koksofengasen zu erzeugende Energiemenge zu 24,7 Milliarden PS-Stunden. Ein Teil dieser Abfallenergie ist bereits den verschiedensten Verwendungszwecken zugeführt; ihre Verwertung ist aber in den verschiedenen Ländern sehr verschieden: in Deutschland wird sie nahezu vollständig ausgenützt, und zwar hat sich diese Abfallenergieverwertung dortselbst erst in den letzten Jahren entwickelt (1900 wurden 30%, im Jahre 1909 schon 82% der verfügbaren Gase in Kraft oder Licht umgesetzt); in England soll von der Abfallenergie der Koksofenanlagen nur etwa 18%, in Amerika nur 16% ausgenützt werden; dort entweichen also ungeheure Gasmengen unausgenützt. Da diese Verhältnisse in den Kohlenpreisen begründet sind, wird sich nach Meinung Schwemanns die Verwertung der Koksofengase zu Kraftzwecken in jenen Ländern auch viel langsamer entwickeln. Da aber die allgemeine Kohlennot wahrscheinlich auch England zur Einhaltung weitgehender Sparmaßnahmen veranlassen dürfte, wird auch hier die Abfallenergieverwertung der Koksofenanlagen Fortschritte machen müssen.

Die aus den Hochofengasen zu gewinnenden Energiemengen sind noch viel größer; sie werden aber zum größten Teil schon ausgenützt und nachdem der Brennstoffbedarf bei der Roheisenerzeugung immer weiter abnimmt, wodurch auch die verfügliche Gasmenge immer kleiner wird, ist damit zu rechnen, daß nicht einmal für die gegenwärtig bereits üblichen Zwecke genügend Abfallenergie aus Hochofengasen in Hinkunft gewonnen werden wird.

Die Krafterzeugung aus brennbaren Gasen erfolgt entweder in Gasmaschinen direkt oder aber indirekt in der Weise, daß die Gase unter Kesseln verbrannt werden und der Dampf zum Antrieb von Dampfmaschinen verwendet wird. Bezüglich der Feuerung von Dampfkesseln mit gasförmigem Brennmaterial hat die sogenannte flammenlose Verbrennung vor einigen Jahren durch einige Zeit viel von sich reden gemacht. Bei dieser Feuerung nach den Patenten von Schnabel-Bone werden Gase in Heizröhren, die mit einem eigenartigen porösen Material gefüllt sind, verbrannt. Die hierbei auftretende hohe Verbrennungstemperatur und ihre Folgen haben die verschiedensten Erklärungen gefunden. Wärmetechnisch scheint aber der große Erfolg, der in gutem Nutzeffekt und sehr starker Forcierarbeit bestehen soll (Dampferzeugung von 80—100 kg Dampf pro Quadratmeter Heizfläche und Effekte bis zu 90%), in einer guten Ausnützung der strahlenden Wärme der auf hohe Temperatur erhitzten Füllkörper der Rohre gelegen zu sein. Man hört übrigens seit geraumer Zeit nichts mehr von diesen Feuerungen[1].

Es ist natürlich nicht möglich, alle hierher gehörigen Verwen-

---

[1] Näheres siehe: Stahl und Eisen, Jahrg. 1910, P. Neumann, Zur Beurteilung der Schnabel-Bonekessel, und Zeitschrift der Dampfkesseluntersuchungs- und Versicherungsgesellschaft a. G. Wien, Jahrg. 1913, Nr. 10, S. 124.

dungsmöglichkeiten von Abfallwärme zu besprechen. Es sei nur noch erwähnt, daß ähnlich wie die Essengase von Dampfkesseln auch die Abgase von Petroleummotoren und Gasmaschinen zur Warmwasserversorgung, zur Lufterwärmung oder zu ähnlichen Zwecken verwertet werden können.

Wie weit die Bestrebungen der Abfallwärmeverwertung reichen, geht daraus hervor, daß versucht wird, auch die in der Schlacke der Hochöfen enthaltene Abwärme einer Verwendung zuzuführen.

Die Schlacke der Hochöfen hat eine Temperatur von 1300 bis 1500° C, eine spezifische Wärme von 0,19 und eine Schmelzwärme von 50 Kal. pro Kilogramm. Da pro Tonne Roheisen rund 1000 kg Schlacke den Hochofen verlassen, kann pro Tonne Roheisen zirka 400 kg Dampf erzeugt werden. Die Dampferzeugung erfolgt in der Weise, daß die Schlacke direkt in Wasser geführt wird und dort einen Teil desselben zur Verdampfung bringt. Die kalte Schlacke wird dann durch ein Becherwerk wieder entfernt. Der erzeugte Dampf hat nur atmosphärische Spannung und wird in Abdampfturbinen zur Krafterzeugung verwendet. Auf diese Weise lassen sich pro Tonne Roheisen etwa 25 PS-Stunden erzeugen. Diese Kraftmenge ist nicht bedeutend, entspricht etwa 15% der Kraftmenge, welche die Gebläsemaschinen brauchen; da sie aber kostenlos als Abfallenergie gewonnen wird, ist sie immerhin nicht zu vernachlässigen, wenn die dazugehörigen Einrichtungen die notwendige Vollkommenheit aufweisen werden, was einstweilen noch nicht der Fall zu sein scheint.

Auch die Kokskuchen der Koks- und Gasanstalten haben eine Temperatur von 1300—1500° und enthalten beträchtliche Wärmemengen, die bisher verloren gehen. Dieser Verlust beträgt pro Tonne Koks etwa 280 000 Kal. Es ist vorgeschlagen worden, diese Wärme zur Dampferzeugung zu benützen, indem die heißen Kokskuchen in Gefäße mit Doppelwandungen gebracht werden und das zwischen den Dampfwänden befindliche Wasser hierdurch verdampft wird[1]. Allerdings sind die Angaben über konstruktive Details derartiger Einrichtungen noch zu spärlich, um über die Durchführbarkeit und die Rentabilität ein genaues Bild zu ermöglichen.

Übrigens setzt jeder Fall der Abwärmeverwertung für sich

---

[1] Wunderlich, Die Abfallwärme des Kokskuchens und deren mögliche Gewinnung. Zeitschr. des Vereins der Gas- u. Wasserfachmänner in Österreich-Ungarn 1917, Heft 16.

bestimmte Verhältnisse voraus, so daß er zwar als Beispiel für die Vielgestaltigkeit, aber nicht als ein Typus für eine große Zahl von in Betracht kommenden Einzelfällen bezeichnet werden kann. Die im vorstehenden angeführten stellen aber die größten Quellen und die dankbarsten Verwendungsgebiete der bei der Verbrennung auftretenden Abfallenergien dar; sie haben schon durch ihre Reichhaltigkeit für die Volkswirtschaft eine besondere Bedeutung.

Ein für die moderne Kraft- und Wärmewirtschaft besonders wichtiger Energieträger ist die Abfallkohle.

Was als Abfallkohle zu bezeichnen ist, hängt naturgemäß von den durchschnittlichen Kohlenpreisen und den Produktionsverhältnissen ab; bei hohen Kohlenpreisen wird ein viel größerer Prozentsatz der geförderten Kohle verkäuflich und der übrigbleibende Rest minderwertigen aschenreichen Produktes geringer sein. Nach Schätzungen von Fachleuten konnte die durchschnittliche Kohlenmenge, welche als verkäufliche Feinkohle in Oberschlesien und in Böhmen wertlos auf die Halden geworfen wurde, der Menge nach mit etwa 15 % der gesamten Förderung angenommen werden. In Amerika ist zweifellos ein noch größerer Teil unverkäuflicher Abfallkohle vorhanden.

Im Kriege hat es natürlich unverkäufliche Abfallkohle nicht gegeben. Im Gegenteil, es wird vielen Gruben nachgesagt, daß sie die Halden abgetragen und zu höheren Preisen, als sie im Frieden für die besten Kohlen erzielen konnten, verkauften. Auch in der nächsten Zeit noch wird der Begriff der Abfallkohle nicht von ihrer Unverkäuflichkeit oder ihrem überaus niederen Preise abhängen. Alles, was nur im Entferntesten als Brennstoff wird angesprochen werden können, wird seine Käufer finden, und jedes Material, welches entzündet von selbst weiter brennt, wird unverhältnismäßig hohe Preise erzielen lassen. Verhältnisse dieser Art sind übrigens in kohlenarmen Ländern auch schon vor dem Kriege zu finden gewesen. In der Schweiz, in Italien hat mancher Kohlenverbraucher derartige Erfahrungen machen können und es ist große Findigkeit notwendig gewesen, um Kohlen, die den Namen Brennmaterial fast nicht mehr verdienen, zur Verfeuerung zu bringen. In Frankreich soll eine Anlage bestehen, in welcher sogar Abfallmaterial mit 65 % Aschenrückständen verwendet wird

Im wesentlichen handelt es sich bei der Verwertung der Abfallkohle darum, die Kohle nicht durch Transportkosten zu ver teuern. Die Verfeuerung der Abfälle erfolgt daher am wirtschaftlichsten auf den Kohlengruben selbst, wenn auch die auf diese Weise erzeugte Elektrizität verhältnismäßig weit zu leiten ist. Der hier erzeugte elektrische Strom verträgt die Kosten, welche seine Fortleitung bereitet; sie sind geringer, als die Transportkosten des minderwertigen Brennmateriales.

Es wird denn auch auf vielen Kohlenwerken bereits die Abfallkohle zur Erzeugung elektrischer Energie verwendet. Eine der großzügigsten Anlagen dieser Art sind die oberschlesischen Elektrizitätswerke, welche im Laufe von etwa 15 Jahren auf ihre heutige Größe von 100 000 PS angewachsen sind, einen Komplex von mehr als 50 Städten und Gemeinden, sehr viel Kohlen- und Eisenwerke, industrielle Anlagen und Fabriken der verschiedensten Größe mit Elektrizität versorgen. Ihre beiden Hauptzentralen sind in der Nähe von großen Kohlenwerken gelegen, woselbst sie Abfälle und Staubkohle dieser Kohlenwerke zu niederem Preise beziehen.

Die größte Anlage dieser Art im ehemaligen Österreich ist das Rossitzer Elektrizitätswerk in Oslawan bei Brünn, welches allerdings erst eine Gesamtleistungsfähigkeit von zirka 14 000 PS besitzt, aber in schnell aufsteigender Entwicklung begriffen ist. Von diesem Elektrizitätswerke aus wird die Stadt Brünn und eine große Menge mährischer Industrien mit Strom versorgt. Es gehört jetzt dem tschecho-slowakischen Staat.

Bei der Erzeugung von Kraft aus Abfallkohle treten zwei Gruppen von Problemen in den Vordergrund, ihre zweckentsprechende Lösung bildet die Lebensbedingung für Überlandzentralen dieser Art.

Die eine Gruppe von Problemen ist feuerungstechnischer Natur. Jedes Brennmaterial hat an und für sich seine besonderen Eigenschaften, die bei Abfällen dieses Brennmateriales in noch viel ungünstigerer Weise zutage treten. Man kann deshalb sagen, daß für jede Abfallkohlenart auch eine besondere Feuerung, zum mindesten eine besondere Konstruktion einzelner Details erforderlich ist. Ob in dieser Hinsicht die gerade jetzt in so hohem Maße auftretenden Bestrebungen der Vergasung des Brennmaterials Erfolge für die Zukunft zeitigen werden und ob vielleicht in Hinkunft diese Kohlen in Gasform unter den Kesseln verbrannt werden, wird nur zum Teil von den technischen Errungenschaften, zum andern Teil aber von den Marktverhältnissen für die bei der Vergasung gewonnenen Nebenprodukte abhängen.

Die zweite Gruppe von Problemen bei Verfeuerung von Abfallkohle bezieht sich auf die Zuführung der Kohle, weil es hier auf viel größere Mengen ankommt, als bei Anlagen, die für Verwendung hochwertigen Brennmateriales gebaut sind. Es handelt sich hier oft um die drei- bis vierfache Kohlenmenge. Das gleiche gilt für die Entfernung von Asche und Schlacke und ihre Beförderung, nachdem bei so minderwertigen Brennmaterialien oft mit 40% Rücklässen und mehr zu rechnen ist. Diese Schwierigkeiten steigen bei großen Werken oft zu einer unglaublichen Höhe an: die Ablagerung der Verbrennungsrücklässe einiger Jahre bilden große Berge, erfordern Hebeeinrichtungen, Bahnbauten und beengen die Bewegungsfreiheit; sie können oft eine Privatindustrie abhalten, die Kohle aus dem näher gelegenen Kohlenbergwerke, welches minderwertige Kohle zu billigem Preise zu liefern in der Lage ist, zu beziehen, und bemüßigen es, aus ferne gelegenen Werken hochwertige Kohle zu wesentlich höheren Preisen zu kaufen. Tatsächlich finden sich große industrielle Etablissements in der Nähe von Braunkohlenwerken, verheizen aber schlesische Kohlen und fahren hierbei besser.

Nichtsdestoweniger hat sich die Verwertung von Abfallkohle für Überlandzentralen, bei welchen all diese Schwierigkeiten schon beim Bau entsprechend berücksichtigt und die hierbei auftretenden technischen Probleme zwecksentsprechend gelöst wurden, so eingebürgert, daß in der nächsten Zeit die Ausnützung dieser Abfallenergien eine immer bessere werden wird. Auf diese Weise dürften große Mengen verhältnismäßig billiger Kraft verfüglich werden, sobald die Marktlage im Maschinen- und Bauwesen es gestatten wird, der Frage der Errichtung von Zentralen überhaupt näher zu treten.

Die größten Anlagen zur Verwertung von Abfallenergien der vorbesprochenen Art vereinigen die verschiedenen vorbezeichneten Verwendungsmöglichkeiten, indem sie sowohl aus Abgasen als auch als Abfallkohle und auch aus anderer Abwärme an verschiedenen Stellen, nämlich überall dort, wo diese Abfallenergie auftritt, Kraft erzeugen, in Elektrizität umsetzen und in ein gemeinsames Netz speisen, von welchem aus die verschiedensten Verbrauchsstellen versorgt werden. Eine der ersten Anlagen dieser Art waren die rheinisch-westfälischen Elektrizitätswerke; sie versorgen einen großen Teil des westfälischen Industriebezirkes mit Elektrizität, welche aus Abgasen, Abfallkohle und Abwärme verschiedenster Art erzeugt wird. Nach dem Muster der rheinisch-westfälischen Elektrizitätswerke ist in Nordengland die New Castle upon Tyne Electric Supply Co. errichtet worden. Sie deckt einen großen Teil des Energiebedarfes der ganzen Nordostküste Englands. Diese Gesellschaft besaß schon im Jahre 1910 zwölf riesige Zentralen, in welchen sie hauptsächlich durch Abfallkohle und Abgase von Koksanstalten und großen Eisenwerken sowie durch Abdampfturbinen, die den Abdampf von Gebläsemaschinen verwerten, zirka 200 000 HP erzeugte und Strom an Schiffswerften, an Maschinenfabriken, an die North Eastern-Bahn, ferner an Walzwerke, Kohlenwerke sowie zur Beleuchtung vieler Städte abgab. Der volkswirtschaftliche Wert solcher Anlagen läßt sich z. B. daraus entnehmen, daß in den Kohlenwerken Northumberland und Durham für den eigenen Kraftbedarf früher 2½ Millionen t Kohle pro Jahr verbrannt werden mußten. Nach Einführung des elektrischen Betriebes mit Hilfe des großen Netzes der vorzitierten Elektrizitätsgesellschaft, welche den größten Teil der benötigten Elektrizitätsmenge aus Abfallwärme erzeugt, ist der Kohlenverbrauch für den eigenen Bedarf dieser Gruben auf ein Viertel des vorgenannten heruntergegangen, so daß hierdurch in diesen Gruben 1¾ Millionen t Kohle pro Jahr für den Verkauf nach außen frei wurden, was, in Geld ausgerechnet, schon damals eine Mehreinnahme von ½ Million Pfund Sterling bedeutete[1]).

Eine ganz besondere Art der Verwertung minderwertiger Kohle besteht darin, daß sie vor ihrer Verwendung veredelt wird. Hierher gehört die Brikettierung, wodurch staub- und grießförmige Stein- und Braunkohlen durch Zusatz von größeren oder kleineren Mengen von Bindemitteln verschiedener Art in Formen gepreßt werden. Auch die Herstellung von Kaumazit aus Braunkohlenkoks gehört hierher. Diese Verfahren sind aus jahrelanger Benützung bekannt und es liegen reichlich Erfahrungen darüber vor, inwiefern und unter welchen besonderen Verhältnissen die erstrebten Vorteile wirklich erzielt werden.

Bisher fehlte aber ein wirtschaftlich brauchbares Verfahren zur Veredlung aller jener minderwertigen Brennstoffe, die, wie z. B. lignitische, holzige oder hartstückige Braunkohle, Torf usw. für eine Aufbereitung nach dem Brikettierverfahren nicht geeignet sind. In

---

[1]) Gerbel, Moderne Bestrebungen bei der wirtschaftlichen Ausnützung natürlicher Energiequellen. Lehmann & Wenzel, Wien 1912.

dieser Hinsicht scheint ein neueres Verfahren, das unter dem Namen der „Bertinierung" während der letzten Jahre von einer Münchner Gesellschaft ausgearbeitet worden ist, Beachtung zu verdienen.

Das Bertinier-Verfahren besteht in einer milden, die Struktur und Festigkeit der Materialien nicht beeinträchtigenden Trocknung im Luftstrom mit darauffolgender eigenartiger Tieftemperatur-Verkohlung, bei der zwar das Wasser (auch das chemisch gebundene) und nach Angabe der Patentbesitzer auch andere heizwertlose Stoffe, wie z. B. Sauerstoff, Kohlensäure, Stickstoff usw., nicht aber heizkräftige Bestandteile (Kohlenwasserstoffe) aus den Materialien abgespalten werden[1]), so daß das Produkt des Bertinier-Verfahrens, der sog. Bertzit, nicht Koks, sondern eine Kohle von 5600—6800 Kal. ist. Bertzit brennt mit langer, reiner, meist schwefelfreier Flamme technisch rauchfrei und geruchlos und ist infolge dieser besonderen feuerungstechnischen Eigenschaften auch als Spezialkohle für metallurgische Zwecke (Schmiede-, Schweiß-, Herdflammöfen usw.) mit Vorteil zu verwenden. Von großer Wichtigkeit ist dieses Verfahren für die Torfverwertung, da der gleiche hochwertige Bertzit auch aus Torf als Ausgangsmaterial hergestellt werden kann.

Die Bertinier-Anlagen bestehen in der Hauptsache aus einem Vortrockenbunker, der das Rohmaterial mit 40—55 % Feuchtigkeit oben aufnimmt und mit 10—15 % Feuchtigkeit unten abgibt sowie aus dem eigentlichen Bertinier-Ofen, der nach dem Tunnel- oder dem kontinuierlichen Schachtofensystem ausgeführt sein kann.

Die Frage der Wärmewirtschaft bei der Bertinierung kann kurz dahin zusammengefaßt werden, daß zur Erzeugung der für die Vortrocknung und für die nachfolgende Tieftemperaturverkohlung erforderlichen Wärme 22—25 % der insgesamt zu verarbeitenden minderwertigen Brennstoffe aufgewendet werden müssen. Dieser verhältnismäßig niedrige Brennstoffverbrauch erklärt sich einerseits aus der Art des Prozesses, der zum Teil exothermisch verläuft, anderseits aus der praktischen Durchbildung des Verfahrens, das die Abwärme aus dem Bertinier-Ofen in rationeller Weise zur direkten Vortrocknung der Rohmaterialien verwendet.

Eine Bertzitanlage ist bereits seit einiger Zeit in Betrieb.

---

[1]) In letzter Zeit wurden diese Erscheinungen auch durch Arbeiten von Dr. M. Dolch von der Technischen Hochschule in Wien nachgewiesen (s. Zeitschr. d. öst. Ing.- und Arch.-Vereins, Jhrg. 1920, Heft 4.

Der dort erzeugte Torfbertzit soll als vorzügliche Kohle guten Anklang finden.

Ebenso wie Abfallkohle kommen auch Abfallstoffe verschiedener Industrien als Brennmaterial für Kesselfeuerung in Frage. Abgesehen von Holz-verarbeitenden Industrien, bei denen die Verfeuerung von Sägemehl, Hobelspänen, Holzresten aller Art selbstverständlich ist, gibt es noch andere Fabrikationszweige, die zur Kesselheizung ihre eigenen Abfälle verwenden, und zwar erfolgt dies teils zu dem Zwecke, um das sonstige Brennmaterialkonto zu entlasten, teils aber auch lediglich deshalb, um diese Abfälle zu vernichten. In allen Fällen ist es notwendig, möglichst günstige Verfeuerungsverhältnisse zu schaffen, was oft nicht leicht ist. So macht beispielsweise die Verfeuerung der Gerberlohe der Lederfabriken unter den Dampfkesseln oft Schwierigkeiten. Die Möglichkeit, sie halbwegs ökonomisch zu verbrennen, muß erst durch Entfernung des Wassers, durch Pressen, eventuell auch durch Trocknen geschaffen werden[1]). Jeder dieser Abfallstoffe erheischt besondere Studien zum Zwecke seiner günstigsten Verwendung als Heizmaterial.

Hier soll auch ein Verfahren Erwähnung finden, durch welches Ablaugen von der Zellstoff-Fabrikation zur Kohlenherstellung verwendet werden. Die von Kalk befreite Ablauge wird in Kochern auf 110° erhitzt, und unter Einblasen von Luft unter Druck in eine breiige Masse verwandelt, von der das Wasser abgesiebt wird. Pro Tonne Zellstoff sollen 540—900 kg Kohle mit 4—5% Asche und 6800 Kal. Heizwert resultieren. In einer Fabrik mit einer Produktion von 25 000 t Zellstoff pro Jahr sollen nach Angabe des Erfinders Strehlenwert (Norwegen) zirka 22 000 t dieser künstlichen Kohle erzeugt werden können, wozu als Hauptbestandteil der Einrichtung acht Autoklaven von 10 cbm Inhalt und ein Investitionsbetrag von zirka 600 000 schwedischen Kronen benötigt werden. Die Herstellungskosten gibt der Erfinder mit normal 5—6 K, heute 10 K pro Tonne Kohle an. Die erste Anlage dieser Art ist vor kurzem in Greaker bei Frederikstad in Betrieb genommen worden.

---

[1]) „Die Verfeuerung der Gerberlohe" von Zivilingenieur Maximilian Tejessy, Zeitschrift der Dampfkesseluntersuchungs- und Vers.-Gesellschaft, Wien. Jhrg. 1919, Nr. 3—5.

IV. Kapitel.

(Dampf als Energieträger. — Dampfverwendung zur Krafterzeugung. — Dampfverwendung zu Koch-, Heiz- und Trockenzwecken. — Warmes Wasser als Heizmedium.)

Die Erzeugung des Dampfes in den Dampfkesseln geht mit Nutzeffekten vor sich, die je nach dem Alter der Anlagen, ihrer Wartung, Dimensionierung, Zweckmäßigkeit natürlich verschieden sind. Veraltete und vernachlässigte Anlagen arbeiten mit Nutzeffekten von nur 50 % oder darunter, moderne, gut gewartete Anlagen weisen Nutzeffekte von 75 % und mehr im kontinuierlichen Betriebe auf. Da die größeren Anlagen zum größten Teile zu den wirtschaftlicheren gehören, kann der durchschnittliche Nutzeffekt der Dampfanlagen in unseren Ländern mit 65—70 % angenommen werden. Es sind also 65—70 % des Heizwertes der verfeuerten Kohle im erzeugten Dampf, der Rest zum größten Teile in den Abgasen enthalten.

Es wurden bereits verschiedene Möglichkeiten zur Verwertung eines Teiles der in den Abgasen enthaltenen Abwärme besprochen und es muß das Streben des Wärmetechnikers dahin gerichtet sein, die veralteten Anlagen nach den dort angeführten modernen Gesichtspunkten umzugestalten. Wenn hierin auch schon sehr viel geleistet wurde, so bietet sich noch immer ein großes Feld der Betätigung in diesem Sinne dar. Sind aber die Einrichtungen zur Dampferzeugung so getroffen, wie es dem gegenwärtigen Stande der Dampftechnik entspricht, und ist auch im übrigen die Anlage rationell eingerichtet und gut gewartet, so ist für die Wärmetechnik auf diesem Gebiete wenig Möglichkeit mehr vorhanden, durch besondere Neuerungen wesentliche weitere Ersparnisse zu schaffen.

Die Dampfverwendung in der industriellen Technik ist heute schon eine außerordentlich vielseitige. In den verschiedensten Industrien wird Dampf zu den verschiedensten Zwecken gebraucht. Diese Verwendungszwecke lassen sich in zwei große Gruppen teilen: die Verwendung des Dampfes zur Krafterzeugung und die Verwendung des Dampfes zu Koch-, Heiz- und Trockenzwecken. Die Technik der Krafterzeugung aus Dampf bildet ein für sich einigermaßen abgeschlossenes Gebiet der Wärme- und Maschinentechnik. Die Geschichte der Dampfmaschine zeigt, wie ein zufälliger Gedanke zu einer großartigen Erfindung wurde. Ihre ersten primitiven Ausführungsformen wurden allmählich verbessert, indem zunächst nur dem näherliegenden mechanischen und praktischen Teile der Erfindung alle Aufmerksamkeit zugewendet war. Als dann die Theorie zu Hilfe kam, indem die Geheimnisse der Wärmelehre und der Physik des Dampfes immer mehr aufgedeckt und in den Dienst der Dampfmaschinentechnik gestellt wurden, unterstützten sich Theorie und Praxis gegenseitig, um die Dampfmaschine zu jener hohen Stufe der Entwicklung zu bringen, auf der sie heute steht. Auf diese Weise wurden Schritt für Schritt die Spannung des verwendeten Dampfes erhöht, die Kondensation des Dampfes zur Erhöhung der Leistung bzw. zur Verbesserung der Ausnützung herangezogen, die Teilung der Ausdehnungsarbeit des Dampfes auf mehrere Stufen vorgenommen und die Überhitzung des Dampfes mit seinen die Erwartungen der Theorie weit übertreffenden Vorteilen eingeführt. Hand in Hand damit ging die Verbesserung der konstruktiven Details, was wieder Verbesserungen der Qualität der verwendeten Materialien zur Voraussetzung hatte und durch die hohen Anforderungen, die daran gestellt werden mußten, indirekt auch die verschiedensten Zweige der Technik beeinflußte. Die ganze Entwicklung des allgemeinen Maschinenbaues war in dieser Weise zum Teil Voraussetzung, zum Teil Folge der Entwicklung der Dampfmaschine, und nicht nur wegen ihrer selbst, sondern wegen dieses weitgehenden Einflusses auf den ganzen Maschinenbau wurde die Dampfmaschine zum Kennzeichen eines Zeitalters der Kulturgeschichte der Menschheit.

Die steigenden Bedürfnisse an Kraft haben die Dampfmaschineneinheiten immer größer werden lassen, und als der Größe der einzelnen Maschinen durch die allzu langen und verzweigten Transmissionen, die die erzeugte Kraft zu den verschiedenen Verwendungsstellen leiten sollten, eine Grenze gesetzt war, begann sich die elektrische Kraftübertragung Bahn zu brechen, so daß diese Grenzen verschwanden und die Einheiten wieder weiter wachsen konnten. Die Zunahme der Größe der Dampfmaschine, die schließlich mit drei und vier Zylindern und mit einer Leistung von mehreren 1000 PS abermals zu einer gewissen Grenze gekommen wäre, hat inzwischen in der zur ernstlichen Konkurrentin ausgebildeten Dampfturbine ihre Fortsetzung gefunden und Leistungen von 10000 PS und mehr werden von Dampfturbinen mit der gleichen Wirtschaftlichkeit erzeugt, wie es bei den besten Dampfmaschinen der Fall ist. Die Verwendung elektrischer Energie und elektrischer Kraftübertragung ist hierbei eine wichtige Bedingung der Verwendungsmöglichkeit, weil bei den hohen Tourenzahlen eine andere Art der Kraftübertragung fast nicht in Frage kommen kann.

Dieser Entwicklungsgang wird auch durch den Dampfverbrauch charakterisiert. Der Dampfverbrauch der ersten Dampfmaschinen ist gewiß nicht geringer gewesen als 50 kg pro Pferdekraft und Stunde, während heute der Dampfverbrauch erstklassiger Dampfmaschinen und Dampfturbinen 4 kg pro Pferdekraft und Stunde unterschreitet.

Eine wesentliche weitere Erniedrigung des Dampfverbrauches bei der reinen Krafterzeugung aus Dampf ist nicht mehr zu erzielen möglich. Er beträgt bei gut ausgeführten, rationell betriebenen Dampfmaschinen nur verhältnismäßig wenig mehr als der Dampfverbrauch einer verlustlosen idealen Dampfmaschine, die unter gleichen Verhältnissen arbeitet. Wenn es dem erfinderischen Geiste vielleicht gelingen könnte, die Verluste noch um einige Prozent zu reduzieren oder, wie man sich dampfmaschinentechnisch ausdrückt, den thermodynamischen Wirkungsgrad noch um einige Prozent zu verbessern, so könnte als äußerstes doch gewiß nur jene Wirtschaftlichkeit erreicht werden, welche die ideale verlustlose Dampfmaschine aufweist; die Grundlehren der Wärmetechnik stellen in ihr eine Grenze fest, der man sich nur mehr mühsam und langsam und mit teuer erkauftem Erfolge vielleicht noch ein wenig nähern, die man aber nie erreichen, geschweige denn überschreiten kann.

Die Dampfverwendung zu Koch-, Heiz- und Trockenzwecken ist nahezu ebenso vielartig, als es Industriezweige gibt, die bei der Fabrikation Wärme brauchen. Die früheren Methoden des Kochens, Heizens und Trocknens mit direktem Feuer sind bei den meisten Industriezweigen vollständig, bei den wenigen übrigen zum größten Teile durch Dampfkochung, Dampfheizung und Dampftrocknung ersetzt. Trotzdem das Bestreben, das Zunft- und Gewohnheitsmäßige beizubehalten, der Einbürgerung dieser neuen Verfahren große Schwierigkeiten bereitete, konnte sich schließlich die industrielle Technik den Vorteilen, die der Dampfbetrieb bietet, nicht verschließen.

Das Kochen mit Dampf (Erwärmen, Sieden von Flüssigkeiten u. dgl.) erfolgt in Pfannen, Kesseln und sonstigen Apparaten statt mit direktem Feuer in der Weise, daß der Dampf entweder in das zu erwärmende oder zu kochende Material eingeblasen oder aber durch Dampfschlangen oder Doppelwandungen des betreffenden Gefäßes durchgeleitet wird. Bei ersterer Methode, die man direktes Kochen nennt, kondensiert der Dampf in dem Material und verdünnt oder verwässert es, bei letzterer Methode, dem indirekten Kochen, wandert die Wärme aus dem Dampf durch die Schlangen- oder Gefäßwandung in das zu erwärmende Material und das entstehende Dampfkondensat fließt gesondert ab. Außer diesen Verschiedenheiten in den Kochprozessen gibt es noch verschiedene andere Nebenerscheinungen, die durch die Verwendung des Dampfes hervorgerufen werden sollen; so wird durch das direkte Kochen oft auch ein Durchwirbeln der Flüssigkeit, in die der Dampf eingeblasen wird, bezweckt, oder es werden besondere chemische Wirkungen angestrebt, wo der Dampf Flüssigkeitsteilchen mitreißen und die Tröpfchen schützend umhüllen soll, wie in verschiedenen Zweigen der chemischen Technik. Das Kochen kann unter Druck oder unter Vakuum erfolgen. Das Kochen im Vakuum spielt eine große Rolle in den verschiedensten Industrien.

Das Heizen durch Dampf ist im Wesen dem indirekten Kochen gleich: auch hier gibt der Dampf seine Wärme zunächst an eine Heizfläche ab, von welcher sie wieder fortgestrahlt oder weitergeleitet wird.

Das Trocknen mit Dampf geht in den meisten Fällen so vor sich, daß warme Luft durch Heizen mit Dampf erzeugt und über oder durch das Trockengut geleitet wird; seltener wird das Trockengut auf eine mit Dampf geheizte Heizfläche gelegt oder über eine solche geführt.

Die verschiedenen Arten, wie der Dampf zu derartigen Fabrikationszwecken verwendet werden kann, sind unzählbar. Das

Wesentliche dieser Verfahren besteht darin, daß die Wärme, die bei Verbrennung des Brennmaterials entsteht, in einer Zentralstelle mit möglichst gutem Nutzeffekt, d. h. mit möglichst geringen Verlusten, zur Dampferzeugung verwendet und der hier gebildete Dampf dorthin geleitet wird, wo man die Wärme braucht; dort gibt der Dampf kondensierend die mitgeführte Wärme zu Koch-, Heiz- und Trockenzwecken oder sonstigen Fabrikationszwecken ab. Die Zentralisierung der Feuerstellen mit ihren ökonomischen und betriebstechnischen Vorteilen, ferner die größere Feuersicherheit, größere Reinlichkeit, Einfachheit und Bequemlichkeit sind eben jene Momente, welche für die Einführung des Dampfbetriebes auch hier maßgebend sind. Und dabei geht die Übertragung der Wärme des Dampfes in den meisten Fällen mit sehr gutem Wirkungsgrade vor sich; es können 90% und mehr, es kann also nahezu die ganze, in der Zentralstelle dem verdampfenden Wasser zugeführte Wärme in das zu kochende oder zu heizende Material übertragen werden.

So wie Dampf kommt oft auch mäßig erwärmtes Wasser als Heizmedium in Frage. Dort, wo z. B. Temperaturen von 100° für das zu erwärmende Material zu hoch wären und schon die Berührung des Materiales mit einer Heizfläche, die etwa 100° heiß ist, von Nachteil wäre, ist die Verwendung warmen Wassers als Heizmedium, dessen Temperatur beliebig nieder gehalten werden kann, geboten. So hat bekanntermaßen die Warmwasserheizung, bei welcher die Temperatur des Wassers niederer gehalten wird als 100°, der Dampfheizung gegenüber den Vorteil, daß die Staubteilchen, die immer an der Heizfläche anhaften, bei der Warmwassertemperatur von 50—70° noch nicht geröstet werden bzw. noch nicht in trockene Destillation übergehen, wie es bei der Heizflächentemperatur von etwa 100° bei der Dampfheizung der Fall ist. Die Luft bleibt deshalb bei Warmwasserheizung reiner und angenehmer. Ebenso wird in verschiedenen Industrien eine Schonung des Roh- oder Fabrikationsmateriales dadurch erzielt, daß die Erwärmung, die notwendig ist, nur bis zu einer möglichst niederen Temperatur geführt wird, und manche Qualitätsunterschiede bei gleichen Fabrikationsprodukten verschiedener Provenienz haben ihre Ursache in einigen wenigen Graden zu hoher Erwärmung bei den Koch-, Heiz-, Trocken- oder sonstigen Fabrikationsprozessen.

Wasser als Heizmedium.

Die Möglichkeit, Dampf oder warmes Wasser zum Kochen, Heizen oder Trocknen zu verwenden, ist durch die Temperatur, die das zu kochende, zu heizende oder zu trocknende Material schließlich annehmen soll oder darf, begrenzt, denn es kann mit jedem Heizmedium natürlich nur eine Temperatur erzielt werden, die niederer oder höchstens ebenso hoch ist als die Temperatur dieses Heizmediums selbst. Für verschiedene Verfahren, wie für das Darren bei hoher Temperatur, für das Rösten u. dgl., ferner für das Kochen schwersiedender Flüssigkeiten unter atmosphärischem oder höherem Drucke, wo Temperaturen von 200°, 300° oder mehr notwendig sind, ist weder Dampf noch warmes Wasser in der hier in Rede stehenden Form zu brauchen. Hier wird entweder auf direktem Feuer gearbeitet oder ein anderes Heizmedium, wie beispielsweise heißes Wasser unter hohem Drucke (100 und mehr Atmosphären), verwendet.

Der zweite Hauptsatz der Wärmelehre tritt bei all diesen Prozessen mit zwingender Gewalt in die Erscheinung: die Wärme geht von selbst nur vom wärmeren zum kälteren Körper über. So einfach dieses Naturgesetz erscheint und so deutlich es von den Erfahrungen, die wir täglich machen, uns immer wieder vor Augen geführt wird, so weittragend sind seine Konsequenzen. Nach dem ersten Hauptsatz, dem Grundgesetz von der Erhaltung der Energie, kann keine Energiemenge verschwinden, d. h., wenn an irgendeiner Stelle eines abgeschlossenen Systems von Körpern die dort vorhandene Energiemenge sich verringert hat, so muß an anderer Stelle dieses Systems eine Vermehrung der Energie um die gleiche Menge eingetreten sein. Dies gilt natürlich auch für jene Energie, die die Form von Wärme trägt. Wenn wo immer in der Welt Wärme verschwindet, so muß sich irgendwo ein Äquivalent dieser Energiemenge wieder finden; sie kann nicht verloren gegangen sein. Über die Form, in der diese Energiemenge an anderer Stelle auftritt, gibt aber der erste Hauptsatz, der Satz von der Erhaltung der Energie, keinen Aufschluß, dahingegen erklärt der zweite Hauptsatz, daß die Wärme, wenn sie den wärmeren Körper von selbst verlassen hat, in einen kälteren gegangen ist. Hiermit ist aber auch das Temperaturniveau, auf dem sich die Wärme befand, gesunken, die Brauchbarkeit, Verwertbarkeit der Wärme ist eine geringere geworden. Dieses Sinken im Wert, welchem alle Wärmeenergie auf hohem

Temperaturniveau unvermeidlich unterworfen ist, ist der Kern des zweiten Hauptsatzes, der in seiner naturwissenschaftlichen und philosophischen Bedeutung das ganze Leben und Weben der Welt umfaßt und erklärt — aber auch auf den endgültigen Ausgleich der Temperaturen, auf das Ende des Lebens der Welt, auf den Wärmetod unseres Sonnensystems, hinweist.

Überblickt man nun das ganze Gebiet der Kraft- und Wärmewirtschaft im Dampfbetriebe, so zeigt sich, daß die Ökonomie der Krafterzeugung für sich betrachtet dank der unermüdlich fortschreitenden Entwicklung der Technik bis nahe an jene Grenze gelangt ist, die das Maximum des Erreichbaren darstellt; denn die besten ausgeführten Dampfmaschinen oder Dampfturbinen nähern sich hinsichtlich Dampfverbrauches der verlustlosen idealen Maschine bis auf verhältnismäßig wenige Prozente. Ebenso gehen die Koch-, Heiz-, Trocken- und andere wärmeverbrauchende Fabrikationsprozesse bei Verwendung von Dampf mit Nutzeffekten vor sich, die nicht weit von 100 % entfernt sind.

Nichtsdestoweniger weist die Wärmelehre noch einen Weg, der der weiteren Entwicklung der Ökonomie der Kraft- und Wärmewirtschaft ein großes und dankbares Gebiet eröffnet.

V. Kapitel.

(Die Wärmeausnützung in der Dampfmaschine. — Abwärme von Dampfmaschinen. — Abwärme von Dampfturbinen. — Verwertung des Abdampfes; Beispiele. — Zwischendampfentnahme: Anzapfturbine. Abdampfturbine. — Abdampfverwertung in verschiedenen Industriezweigen.)

Solange unsere Naturgesetze gelten, kann in der Welt, in der wir leben, auch nicht in einer verlustlosen idealen Maschine eine bestimmte Wärmemenge in die ihr äquivalente Arbeitsmenge umgesetzt werden, ohne daß gleichzeitig eine andere Wärmemenge von höherem auf tieferes Temperaturniveau fällt, also entwertet wird. Dieses Grundgesetz ist unumstößlich und besagt, daß überall, wo Kraft aus Wärme erzeugt wird, Abwärme vorhanden sein muß. Infolgedessen beträgt auch der Dampfverbrauch der verlustlosen idealen Dampfmaschine ein Vielfaches jener Dampfmenge, welche der in der Maschine erzeugten Leistung äquivalent ist, und auch hier findet sich der größte Teil der im zugeführten Dampf enthaltenen Wärme als Abwärme wieder. Es bleibt sohin nur die Möglichkeit übrig, diese Abwärme irgendwelchen nutzbringenden Zwecken zuzuführen, und die Wärmetechnik hat schon seit lange den Weg einschlagen müssen, die Dampfverwendung zur Krafterzeugung mit der Dampfverwendung zu verschiedenen Fabrikationszwecken zu vereinigen, indem die Abwärme der Dampfmaschinen zu Koch-, Heiz- oder Trockenzwecken verwendet wird.

Wie sich die Wärmewirtschaft in der Dampfmaschine selbst gestaltet, soll an Hand der Tabelle 3 noch näher erläutert werden.

In Kolonne 1 dieser Tabelle sind die verschiedenen Arten von Dampfmaschinen und in Kolonne 2 die verschiedenen Betriebsverhältnisse, die für die Abwärmeverwertung in Betracht kommen, verzeichnet. So ist zunächst die Kondensationsmaschine mit gutem und schlechtem Vakuum, dann die Auspuffmaschine, welche Abdampf von atmosphärischer Spannung liefert, angeführt, schließlich ist die Gegendruckmaschine aufgezählt, welche mit höherer Abdampfspannung betrieben wird, wobei zwei Fälle, ein Gegendruck von 2 Atm. und ein solcher von 4 Atm., speziell behandelt

Tabelle 3.

Nutzenergie und Abfallenergie im Dampfmaschinenbetriebe.

Admissionsdampf-Spannung 12 Atm. abs.; Temperatur 280° C; Wärmeinhalt 720 Kal. pro Kilogramm.

Maschinenart	Betriebsverhältnisse (Vakuum, Gegendruck)	Dampfverbrauch in Kilogramm pro PS-Stunde	Nutzenergie (Leistung)			Abfallenergie (Abwärme)		
			in PS-Stunden pro Kilogramm Dampf	in Kalorien pro Kilogramm Dampf	in Prozent (Nutzeffekt)	in Kalorien pro Kilogramm Dampf	Träger der Abwärme	Temperaturniveau der Abwärme in °C
1	2	3	4	5	6	7	8	9
Kondensationsmaschine	gutes Vakuum (0,05 Atm. abs.)	4,0	0,25	158	22	562	Wasser	39
Kondensationsmaschine	schlechtes Vakuum (0,3 Atm. abs.)	5,3	0,182	120	17	600	Wasser	70
Auspuffmaschine	1 Atm. abs. Gegendruck	7,0	0,143	90	12	630	Dampf (naß)	100
Gegendruckmaschine	2 Atm. abs. Gegendruck	8,3	0,125	70	10	650	Dampf (trocken)	120
Gegendruckmaschine	4 Atm. abs. Gegendruck	12,0	0,084	50	7	670	Dampf (überhitzt)	155

werden. In der dritten Kolonne ist der Dampfverbrauch dieser Maschinen unter den verschiedenen Betriebsverhältnissen verzeichnet, und zwar ist für alle zugrunde gelegt, daß der Admissionsdampf eine Spannung von 12 Atm. abs. und eine Temperatur von 280° C hat, was einem Wärmeinhalte des Dampfes von 720 Kal. entspricht. Eine Kondensationsmaschine mit gutem Vakuum braucht demnach 4 kg Dampf, bei schlechtem Vakuum etwa 5,3 kg Dampf pro Pferdekraft und Stunde. Der Dampfverbrauch der Auspuffmaschine mit atmosphärischem Gegendrucke ist mit 7 kg, der Dampfverbrauch der Gegendruckmaschine mit 2 und 4 Atm. Gegendruck ist mit 8,3 bzw. 12 kg pro PS-Stunde eingesetzt. Diese Ziffern sind beiläufige Mittelwerte, die bei Versuchen an derartigen Maschinen gefunden werden können; ihre Genauigkeit genügt vollkommen, um die Grundlagen der Abwärmeverwertung an ziffermäßigen Beispielen zu erklären. Das gleiche gilt von allen übrigen in dieser Tabelle angegebenen Ziffern, welche nicht zu dem Zwecke angeführt sind, um ihrem genauen numerischen Werte nach beurteilt zu werden, sie sollen vielmehr nur als typische Merkmale der für die Abwärmeverwertung in Frage kommenden Faktoren hingestellt sein und die Besprechung dieser Faktoren in kurzer und klarer Ausdrucksweise ermöglichen.

Von den übrigen sechs Kolonnen der Tabelle beziehen sich die Kolonnen 4, 5, 6 auf die Nutzenergie bzw. die Leistung und die letzten drei Kolonnen 7, 8, 9 auf die Abfallenergie bzw. die Abwärme der betreffenden Maschine. Nachdem die Kondensationsmaschine bei gutem Vakuum 4 kg Dampf pro PS-Stunde verbraucht, beträgt die Nutzenergie pro kg Dampf 0,25 PS-Stunden (Kolonne 4). Da eine PS-Stunde einer Wärmemenge von 632 Kal. äquivalent ist, entspricht 0,25 PS-Stunden einer Wärmemenge von 158 Kal. (Kolonne 5). Nachdem der Wärmeinhalt eines kg Dampf 720 Kal. beträgt, ist der Nutzeffekt, mit dem diese Maschine arbeitet, 158 : 720 = 0,217, d. i. also 21,7, rund 22% (Kolonne 6). Von dem Wärmeinhalte des Dampfes, welcher der Maschine zugeführt wird, finden sich also 22% als mechanische Energie wieder, der Rest ist nicht in mechanische Energie umgesetzt worden. Ein kleiner Teil dieses Restes, etwa 1—2% des Wärmeinhaltes des Dampfes, geht als Leitungs- und Strahlungsverlust verloren. Diese Wärmemenge findet sich weder als mechanische Energie noch auch als Abwärme der Maschine wieder, sie erwärmt den Maschinenraum oder sonst die Umgebung der Maschine. Der größte Teil der Wärme, die nicht in Arbeit umgesetzt wurde, stellt aber jene, selbst in einer verlustlosen idealen Maschine nicht umsetzbare Wärmemenge dar, deren Sinken von einem Temperaturniveau auf ein niederes den Umsetzungsprozeß begleitet. Diese Wärmemenge verläßt die Maschine als Abwärme. Schließlich werden noch durch Zylinderkondensation und die Lässigkeit gewisse Wärmemengen dem Umsetzungsprozesse entzogen; es entwischt gleichsam ein kleiner Teil des der Maschine zugeströmten Dampfes ohne Arbeitsleistung. Der hierdurch bedingte Verlust ist aber im Verhältnis zum Verlust durch die übrige Abwärme gering, er beträgt, so wie die Leitungs- und Strahlungsverluste, nur wenige Prozente und findet sich zum größten Teil als Abwärme wieder. In der Tabelle ist auf den Leitungs- und Strahlungsverlust keine Rücksicht genommen, weil er nur einen kleinen Bruchteil der anderen in Betracht kommenden Wärmemengen beträgt. Auch die auf Zylinderkondensation und Lässigkeit entfallenden Wärmemengen sind nicht gesondert angegeben, sondern sind der Abwärmemenge zugezählt, die in Kolonne 7 verzeichnet ist. Wenn demnach 1 kg Dampf von 12 Atm. und 280° C in eine erstklassige Kondensationsmaschine mit gutem Vakuum einströmt und 158 Kal. als Nutzenergie in Form einer Viertel-Pferdekraft-Stunde gewonnen werden, so verläßt der Rest von 562 Kal., also der weitaus größere Teil der zugeführten Wärme, die Maschine, ohne daß nach dem heutigen Stande der technischen und physikalischen Forschung die Möglichkeit bestünde, einen namhaften Teil dieser Wärmemenge ebenfalls noch nutzbar und praktisch in Arbeit umzusetzen.

In den Kolonnen 8 und 9 der Tabelle ist angegeben, in welcher Form die Abwärme die Maschine verläßt. Bei der Kondensationsmaschine ist das Kondensationswasser der Träger der Abwärme, und zwar sind für jedes Kilogramm Dampf bei gutem Vakuum etwa 30 kg Kondensationswasser zu rechnen, welches sich, wenn es mit etwa 20° in den Kondensator einströmt, auf etwa 39° erwärmt, das Temperaturniveau der Abwärme ist demnach 39° C, wie in Kolonne 9 angegeben. Die Erzeugung einer Viertel-Pferdekraft-Stunde in der Dampfmaschine ist also unvermeidlich damit verbunden, daß gleichzeitig 562 Kal. von dem Temperaturniveau von 280° auf das Temperaturniveau von 39° C sinken.

Abwärme von Dampfmaschinen. 53

So wie für die erste der angeführten Maschinen und für die günstigsten Betriebsverhältnisse im vorstehenden ausgeführt, finden sich in der Tabelle für die übrigen vier Dampfmaschinenarten bzw. ihre verschiedenen Betriebsverhältnisse die gleichen Angaben vor. Bei der Kondensationsmaschine mit einem Vakuum von bloß 0,3 Atm. abs. werden pro kg Dampf 0,182 PS-Stunden gewonnen, was einem Nutzeffekte von 17% entspricht, und 600 Kal. verlassen die Maschine in Form von Wasser auf dem Temperaturniveau von 70° C. Bei der Auspuffmaschine werden pro kg Dampf nur 0,143 PS-Stunden gewonnen, was einem Wärmeäquivalent von 90 Kal. und einem Nutzeffekte von 12% entspricht. Unter Vernachlässigung von Leitungs- und Strahlungsverlusten verlassen 630 Kal. als Abwärme in Form von Dampf von 100° C die Maschine. Bei den letzten zwei Fällen der Gegendruckmaschine werden pro kg Dampf nur 0,125 bzw. 0,084 PS-Stunden, das sind also 10 bzw. 7% der zugeführten Wärme, als Nutzenergie gewonnen, während 650 bzw. 670 Kal. in Form von Dampf auf dem Temperaturniveau von 120 bzw. 155° C die Maschine verlassen.

Zusammenfassend ergibt sich also folgendes Bild: Je größer der Dampfverbrauch wird und je schlechter sich der Nutzeffekt gestaltet, um so größer wird bei den verschiedenen Maschinenarten und unter den verschiedenen Betriebsverhältnissen die Menge der Abwärme. Während aber der Dampfverbrauch pro Pferdestärke bei den angeführten Maschinenarten und Betriebsverhältnissen auf das Dreifache steigt, die Leistung pro kg Dampf also auf ein Drittel herabsinkt, wächst die Abwärmemenge bloß von 562 auf 670 Kal., also um weniger als 20%. Mit steigendem Dampfverbrauch nimmt auch das Temperaturniveau der Abwärme zu. Diese Zunahme ist beträchtlich und fällt weitaus mehr ins Gewicht als die Zunahme der Abwärmemenge. Es wird also in der Reihenfolge, in der die verschiedenen Maschinen in der Tabelle angeführt sind, nicht nur die Menge der Abwärme immer größer, sondern es wird die Abwärme auch wertvoller.

Nun kann die Abwärme von Kondensationsmaschinen, die in Wasser von etwa 39° enthalten ist, nicht oder nur sehr unvollkommen und sehr selten zu industriellen Zwecken verwendet werden. Wärme auf höherem Temperaturniveau, wie sie im Kondensationswasser bei schlechtem Vakuum enthalten ist, ist bereits zu verschiedenen Zwecken, wie Warmwasserbereitung,

Heizung u. dgl., brauchbar. Die in Dampf von 100° enthaltene Abfallenergie kann zu verschiedenen Koch-, Heiz- und Trockenzwecken verwendet werden und Abdampf von höherer Spannung und höherer Temperatur kann fast allen Zwecken im industriellen Betriebe dienen. Die diesen Zwecken zugeführte Wärme kann bei zweckentsprechender Wahl der Betriebseinrichtungen nahezu vollkommen ausgenützt werden. Wenn also die Krafterzeugung mit der Dampfverwendung zu solchen Zwecken kombiniert ist, ist nahezu die ganze im Dampf enthaltene Wärme verwertet.

Deutlicher als durch Ziffern zeigt sich das Verhältnis der Abwärmemenge zu der in Arbeit umgesetzten Wärme in den wenigen Linien des Graphikons, Fig. 8, in welchem die Abszissen das Vakuum bzw. den Gegendruck der Dampfmaschine in Atm. angeben, während die Ordinaten Wärmemengen darstellen. Durch die stark ausgezogene Kurve wird jede Ordinate in zwei Teile geteilt, deren unterer Teil die Arbeit angibt, welche von einem kg Dampf gewonnen wird, während der obere Teil bis zu der den Wärmeinhalt von 720 Kal. darstellenden Linie die Menge der Abwärme darstellt, die hierbei auftritt. Aus dem graphischen Bilde ergibt sich sonach für jede Abdampfspannung die zu gewinnende Arbeitsmenge und die hierbei auftretende Abwärmemenge. Bei der Abdampfspannung von 1 Atm. beträgt beispielsweise die gewonnene Leistung, wie schon im früheren angegeben, 90 Kal. und die Abwärmemenge 630 Kal.

Die strichlierte Kurve über der stark ausgezogenen Kurve bezieht sich auf die ideale, verlustlose Maschine. Diese Maschine würde beispielsweise bei einer Abdampfspannung von 1 Atm. 114 Kal. als mechanische Energie ergeben und 606 Kal. wären als Abwärme vorhanden.

Dieses Bild zeigt, wie geringfügig der Erfolg wäre, den die weitere Ausbildung der Dampfmaschine zur Krafterzeugung allein erzielen könnte. Es wären höchstens nur jene kleinen Wärmemengen noch in mechanische Energie umzusetzen, welche sich zwischen der ausgezogenen und der strichlierten Kurve befinden. Demgegenüber hat die Bestrebung der Verwertung der verfüglichen Abwärme wegen der ungeheuren Mengen, die in Frage kommen und die ein Vielfaches der in Arbeit umgesetzten Wärmemengen betragen, ein weitaus größeres Betätigungsfeld.

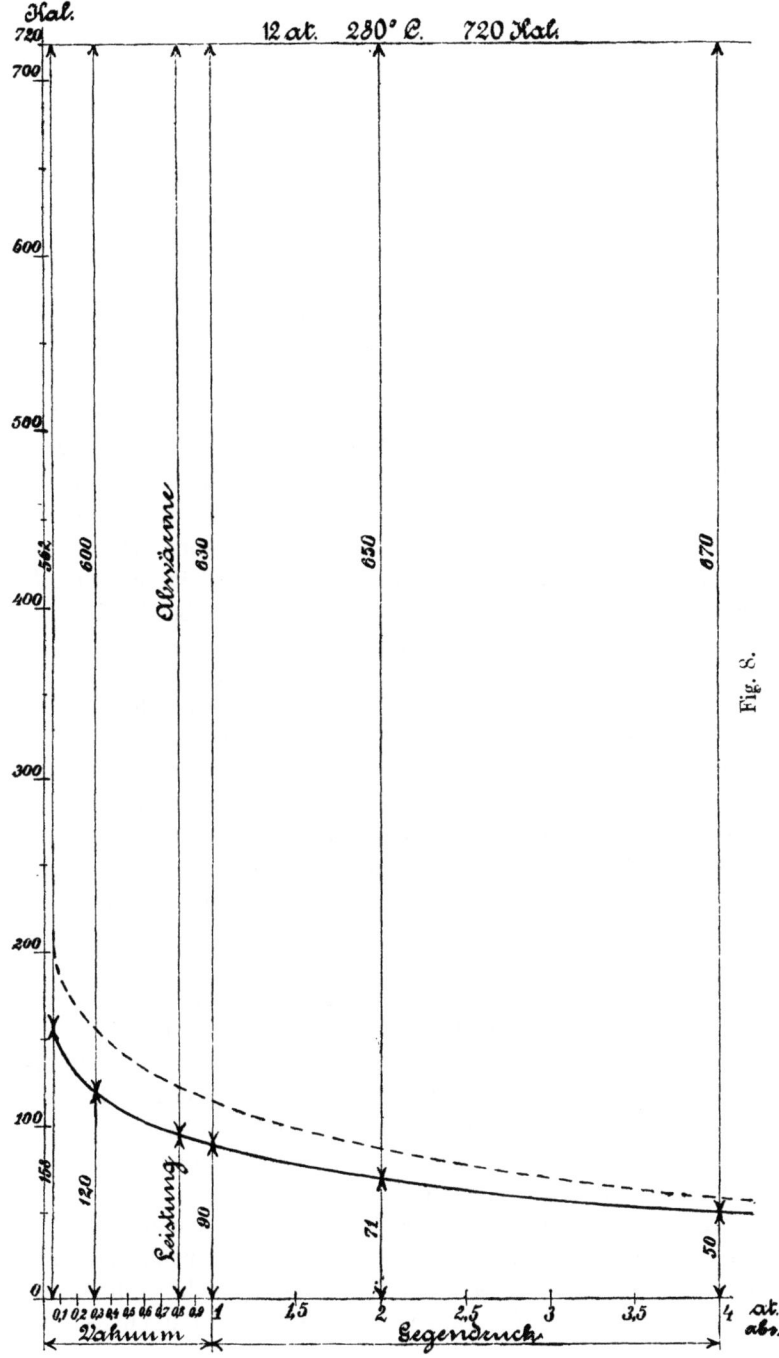

Fig. 8.

Im Vorstehenden wurde lediglich von der Dampfmaschine gesprochen, die Verhältnisse bei der Dampfturbine liegen ganz ähnlich. Es sind nur kleine Unterschiede vorhanden, welche den Wert der Abwärmeverwertung im Dampfturbinenbetriebe keineswegs herabsetzen, sondern im Gegenteil für einzelne spezielle Fälle die aus der Turbine gewonnene Abwärme noch wertvoller erscheinen lassen.

Die Kondensationsturbine ist bei gutem Vakuum im Dampfverbrauch ebenso ökonomisch wie eine gute Dampfmaschine. Sie hat aber einen größeren Kühlwasserverbrauch und das Temperaturniveau der vom Kondensationswasser mitgeführten Abwärme ist in der Regel niederer als bei der Dampfmaschine, was mit der im Turbinenbetrieb üblichen Oberflächenkondensation im Zusammenhange steht. Die Dampfturbine ist wesentlich empfindlicher hinsichtlich des Vakuums als die Dampfmaschine. Sie hat bei schlechtem Vakuum infolgedessen einen höheren Dampfverbrauch und eine größere Abwärmemenge, als es bei der Dampfmaschine unter gleichen Verhältnissen der Fall wäre.

Die Auspuffturbine oder die Gegendruckturbine mit Abdampf höherer Spannung hat einen größeren Dampfverbrauch als eine Dampfmaschine, die unter den gleichen Gegendruckverhältnissen arbeitet. Hier ist aber das Temperaturniveau der Abwärme höher als bei der Dampfmaschine. Außerdem hat der Abdampf der Dampfturbine den großen Vorteil, vollkommen ölfrei zu sein, während in dem Abdampf der Dampfmaschinen das Öl, welches zur Zylinderschmierung verwendet wurde, enthalten ist und den Dampf verunreinigt, wenn er nicht durch besondere Einrichtungen besonders gereinigt wird.

Im übrigen ist bezüglich der Dampfturbine bereits erwähnt worden, daß sie vornehmlich als Zentralmaschine zur Erzeugung elektrischer Energie, also hauptsächlich in Anlagen mit ausschließlich elektrischer Kraftübertragung verwendet wird, da ihre Tourenzahl, die in der Regel 3000 beträgt, für andere Kraftübertragungszwecke nicht geeignet ist. Zum Antriebe direkt gekuppelter Zentrifugalpumpen oder rotierender Gebläse, welche ebenfalls mit 3000 Touren laufen und direkt mit der Turbinenwelle gekuppelt werden könnten, eignet sich die Dampfturbine als Kondensationsturbine nur, wenn es sich um größere Einheiten handelt, weil kleine Einheiten hinsichtlich Dampfökonomie hinter der Dampfmaschine zurückstehen. Bei Gegendruckturbinen, bei welchen für die große Menge Abdampf Verwendung vorhanden ist und wo es besonders auf die Reinheit des Dampfes ankommt, spielt allerdings der größere Dampfverbrauch keine Rolle, so daß für diese Verwendungszwecke auch kleinere Einheiten in Frage kommen.

Das Wesen der Abfallenergieverwertung im Dampfbetriebe liegt in der Kombination der Dampfverwendung zur Krafterzeugung mit der Dampfverwendung zu Koch-, Heiz- und Trockenzwecken. Welche Rolle sie für das Kohlenkonto einer Fabrik spielt, sei an einem Beispiele gezeigt.

Eine Dampfmaschine oder Dampfturbine von 1000 PS Leistung braucht bei der ökonomischesten Art des Betriebes zirka 666 kg Kohle pro Stunde. (1 PS braucht 4 kg Dampf pro Stunde und 1 kg mittlerer Kohle gibt 6 kg Dampf.) Hierbei ist eine gute Kondensation des Dampfes, hohe Spannung, Überhitzung und sonstige Vollkommenheit der Einrichtung vorausgesetzt. Nehmen wir an, daß in demselben Betrieb auch noch Dampf niederer Spannung für Koch- und Heizzwecke gebraucht wird, z. B. eine Menge von 8000 kg pro Stunde, so sind zur Erzeugung dieses Dampfes 1330 kg Kohle pro Stunde erforderlich, so, daß insgesamt rund 2000 kg Kohle verfeuert werden. Das sind bei 8000 Betriebsstunden pro Jahr 16 000 t Kohle, die bei einem Einheitspreise von 100 M. pro t 1 600 000 M. kosten.

Baut man aber die Maschine als Gegendruckmaschine aus, in welcher der Dampf, der mit zirka 12 Atm. Spannung einströmt, bloß auf ungefähr 2 Atm. ausgedehnt wird, so kann man den aus der Maschine ausströmenden Dampf zur Heizung verwenden, so daß sich die Verhältnisse folgendermaßen stellen: Da die Maschine dann als Gegendruckmaschine arbeitet, braucht sie, den Angaben der Tabelle entsprechend, 8,3 kg Dampf pro Pferdekraft und Stunde, insgesamt also 8500 kg, wozu rund 1400 kg Kohle pro Stunde oder 11 200 t Kohle im Jahr erforderlich sind. Die Kohlenkosten betragen jetzt 1 120 000 M. pro Jahr. Es ist aber hierdurch bei Verwendung des Abdampfes der Maschine gleichzeitig der Dampfbedarf für Koch- und Heizzwecke gedeckt. Gegen den vorher ausgerechneten Betrag von 1 600 000 M. pro Jahr ergibt sich demnach eine jährliche Ersparnis von 480 000 M. oder 30 %.

Während also für Heiz- und Kochzwecke allein bei der erstbeschriebenen Anlage 1330 kg Kohle pro Stunde verbraucht würden, genügt ein stündlicher Mehrverbrauch von 70 kg, um außer dem ganzen Dampf für Heiz- und Kochzwecke auch noch eine Energiemenge von 1000 PS zu erzeugen, wozu allein in einer erstklassigen Kraftanlage 666 kg Kohle pro Stunde gebraucht würden. Für die Krafterzeugung ist also eine Kohlenmenge von 0,07 kg pro PS-Stunde aufgewendet worden, was nur etwa 12 % der Kohlenmenge beträgt, die bei Verwendung einer der besten modernen Maschinen aufzuwenden wären, und es ergeben sich hier, trotz des hohen Kohlenpreises von 100 M. pro Tonne, Kohlenkosten von nur 0,7 Pf. pro PS-Stunde.

In diesem Beispiele sind Verhältnisse zugrunde gelegt, die für die Abdampfverwertung in ihrer einfachsten Form am günstigsten sind: Es ist angenommen, daß zu Fabrikationszwecken gerade so viel Dampf gebraucht wird, als die Maschine an Abdampf liefert, was natürlich bloß selten zutrifft. Oft ist die Koch- und Heizdampfmenge, die gebraucht wird, größer als die von der Maschine gelieferte Abdampfmenge; es muß dann zu dem Abdampf Frischdampf zugesetzt werden. Oder es ist die Koch- und Heizdampfmenge kleiner als die von der Maschine gelieferte Menge Auspuffdampf; in diesem Falle würde bei Verwendung einer Gegendruckmaschine nur ein Teil des Maschinendampfes der vollkommeneren Ausnützung zu Koch- und Heizzwecken teilhaftig werden können, während der übrige Maschinendampf nicht weiter ausgenützt entweichen und der Vorteil der besseren Ausnützung der ersteren Dampfmenge wieder zunichte gemacht würde. Deshalb wird, wenn Verhältnisse dieser Art vorliegen, ein anderes Prinzip angewendet; es wird nämlich eine Maschine oder Turbine benützt, welcher nur so viel Dampf mittlerer Spannung entnommen werden kann, als für Koch- und Heizzwecke benötigt wird, während der Rest auf Kondensatorspannung weiter expandiert. Dies ist das Prinzip der Receiverdampfentnahme, wie es bei der Dampfmaschine heißt, und der Anzapfturbine, wie es im Turbinenbau genannt wird. Die konstruktive Durchführung dieser Grundprinzipien hat eine große Menge von interessanten Detaileinrichtungen gezeitigt und dem schöpferischen Geiste des Konstrukteurs ein großes Feld eröffnet. Die Anforderungen an den Konstrukteur sind um so größer, als eben bei der Zwischendampfentnahme in jedem einzelnen Falle besonderen Rücksichten hinsichtlich der Spannung des Koch- und Heizdampfes und ihrer zulässigen Grenzen sowie hinsichtlich der Dampfmenge und der Schwankungen im Kraftbedarfe Rechnung zu tragen ist.

Auch hier sind die erzielbaren Ersparnisse sehr groß.

Wenn beispielsweise in einem Betrieb 1000 PS und 4000 kg Dampf von 2 Atm. gebraucht werden, so würden ohne Abdampfverwertung insgesamt 8000 kg Dampf, entsprechend 1333 kg Kohle pro Stunde bzw. 10 660 t pro Jahr aufzuwenden sein. Wird aber eine Maschine mit Zwischendampfentnahme oder eine Anzapfturbine verwendet, so ist der stündliche Gesamtdampfbedarf nur etwa 6300 kg, der Kohlenbedarf demnach rund 1050 kg pro Stunde oder 84 000 t pro Jahr. Es werden sohin 2260 t Kohle im Werte von rund 226 000 M. oder nahezu 25 % erspart.

Die effektive Kohlenersparnis in Mark ausgedrückt, gibt aber noch kein vollständiges Bild über die Vorteile, die tatsächlich erzielt werden. Zu der Verringerung der Ausgaben für Kohle kommt noch der Vorteil geringerer Investitionen bei rationeller Abdampfverwertung: dem geringeren Gesamtdampfverbrauche entsprechend wird die Kesselanlage kleiner sein können und die einfache Gegendruckmaschine ist billiger als die Kondensationsmaschine. Außerdem sind die Bedienungskosten der kleineren Kesselanlage geringer und schließlich ist die Materialbewegung im Fabrikskomplex kleiner, wobei nicht nur die Kohle selbst, sondern auch die Manipulation mit der dieser Kohlenmenge entsprechenden Asche und Schlacke in Rechnung zu setzen ist. Es ist sohin die durch rationelle Abdampfverwertung erzielte Ersparnis für den Fabrikanten weit höher, als mit dem Preise der ersparten Kohle einzuschätzen.

Auch für die Volkswirtschaft hat die Verringerung der Ausgaben einer Fabrik, sei es, daß diese Ersparnisse den Gewinn des Fabrikanten erhöhen oder den Verkaufspreis des Produktes verbilligen, eine gewisse Bedeutung; viel maßgebender ist aber vom Standpunkte der Allgemeinheit die Verringerung des Kohlenverbrauches an und für sich. Die hier ersparte Kohle kommt anderen Zwecken zugute, in der Gesamtheit erhöhen solche Ersparnisse die mit der vorhandenen Kohle erzielbare Gesamtleistung, reduzieren den Kohlenimport, steigern oder ermöglichen die Ausfuhr oder verlangsamen das Aufbrauchen der vorhandenen Energievorräte und verringern schließlich die Gesamtziffern des Kohlentransportes, entlasten also die Eisenbahnen u. dgl. m. Was alle diese Folgen einer rationellen Gebarung in ihrer Gesamtheit für die Volkswirtschaft bedeuten, braucht wohl nicht näher erläutert zu werden.

Die Abdampf- und Zwischendampfverwertung hat, obwohl erst seit wenigen Jahren in weiterem Umkreise angewendet, auch schon in der Literatur ihren Platz gefunden und viele Spezialwerke beleuchten sowohl von wirtschaftlichen als auch von konstruktiven Gesichtspunkten aus die verschiedenen Anwendungsmöglichkeiten, ja es haben sich auch schon allerlei Namen, wie „Zwischendampfmaschine" oder „Heizungsdampfmaschine", für Dampfmaschinen, die mit Einrichtungen zur Verwertung von Zwischen- oder Auspuffdampf zu Koch- oder Heizzwecken versehen sind, mehr oder weniger eingebürgert.

Eine besonders erwähnenswerte Maschinentype, eine charakteristische Art der Abfallenergieverwertung, ist die Abdampfturbine. In dieser Turbine wird Dampf von ganz niederer Spannung, wie er als Auspuffdampf von anderen Maschinen bisher meist ins Freie pufftte und verloren ging, verwendet. Maschinen, welche große Mengen Auspuffdampf liefern, sind z. B. Fördermaschinen auf Zechen und Hütten, Dampfhämmer, Walzenzugmaschinen u. dgl. Die hier verfügbaren Dampfmengen sind ungeheure. So ist z. B. auf einer mittleren Zeche in Westfalen eine Abdampfmenge von 50000 kg Dampf pro Stunde zum Betriebe einer Abdampfturbinenanlage verwendet worden, wodurch zirka 1800 PS nahezu kostenlos erzeugt wurden. Diese Energiemenge hätte, aus Kohle separat gewonnen, zirka 12000 t Kohle jährlich erfordert. Auf diese Weise aber als Abfall erzeugt, repräsentiert sie eine Ersparnis von vielen Hunderttausenden pro Jahr.

In einigen Industriezweigen ist die Abdampfverwertung in ihren verschiedenen Arten ziemlich eingebürgert. Drei Viertel aller bayerischen Brauereien waren schon vor mehr als 15 Jahren für Abdampfverwertung eingerichtet; allerdings sind noch im Jahre 1908 in statistischen Zusammenstellungen (Zeitschrift für das gesamte Brauwesen) Kohlenkosten von 30 Pf. bis 1 M. für den Hektoliter Bier verzeichnet, woraus zur Genüge hervorgeht, wie wenig einheitlich die Kohlenwirtschaft trotzdem in der bayerischen Brauindustrie noch vor wenigen Jahren gewesen ist.

In der Zuckerindustrie war die Abdampfverwertung schon vor mehr als 25 Jahren vielfach eingeführt. Die Kohlenkosten betragen hier 12—25% der gesamten Produktionskosten (pro 100 kg Rüben werden 60—70 kg Dampf gebraucht). Infolgedessen ist die Dampfökonomie eine Lebensbedingung für alle Zuckerfabriken, die hohe Kohlenpreise zahlen müssen. Was die mährische Zuckerindustrie in dieser Hinsicht erreicht hat, ist beispielsweise aus Tabelle 4 zu entnehmen[1]).

Wie daraus ersichtlich, ist im Verlaufe der sechs Quinquennien, von 1874—1903, der Kohlenverbrauch in der hier dargestellten Fabrik, pro 100 kg Rübe von 28 kg auf 8 kg gesunken, was zur Folge hat, daß der Gesamtkohlenverbrauch pro Jahr, trotz der

---

[1]) Ostermayer, Beziehungen zwischen Bodenproduktion zur Technik (l. c.).

Verdoppelung der verarbeiteten Rübenmenge, von 3450 t auf 2200 t gesunken ist. Dieses Beispiel ist typisch für die Zuckerindustrie im allgemeinen, die seit den achtziger Jahren jeweilig auf der vorgeschrittensten Stufe der Entwicklung der Wärmetechnik gestanden und auch heute hinsichtlich guter Wärmeausnützung eine der technisch vollkommensten Industrien ist.

Die Textilindustrie hat in manchem ihrer Zweige ebenfalls einen großen Dampfverbrauch. In der Schlichterei werden 3—4 kg Dampf pro kg Garn gebraucht. Auch der Dampfverbrauch von Färbereien und Appreturen ist groß, ebenso der Dampfverbrauch von Wäschereien.

Tabelle 4.

Im Quinquennium	Rübe pro ha	Jährliche Rübenverarbeitung	Löhne pro 100 kg Rübe	Kohle pro 100 kg Rübe	Gesamt-Kohlenverbrauch
1874—1878	173 q	122 225 q	26,40 h	28,37 kg	3450 t
1879—1883	212 „	179 414 „	19,22 „	22,70 „	4070 „
1884—1888	214 „	166 686 „	15,72 „	16,42 „	2720 „
1889—1893	274 „	247 246 „	10,78 „	10,46 „	2620 „
1894—1898	304 „	283 261 „	9,22 „	9,63 „	2720 „
1899—1903	348 „	276 564 „	9,59 „	8,01 „	2200 „

Viele Zweige der chemischen Industrie brauchen große Mengen Koch-, Heiz- und Trockendampf. Die Kerzen-, Seifen-, Leimfabrikation, die Sprengstoffindustrie, Nahrungs- und Genußmittelerzeugung sind alle auf die Verwendung von Dampfwärme angewiesen.

In allen diesen Industrien finden sich mehr oder weniger Anlagen, die auf Abdampfverwertung eingerichtet sind, und es ließen sich zahllose Beispiele für die verschiedenen Teilprobleme, die hier auftreten, anführen. Sie würden in erster Linie zeigen, daß eine schablonenmäßige Behandlung dieses Teiles der Wärmetechnik nicht möglich ist.

Greift schon die Verwendung des Dampfes zu Koch-, Heiz- und Trockenzwecken für sich allein in die Fabrikationsmethoden der betreffenden Industrien tief ein, so sind bei ihrer Kombination mit der Krafterzeugung noch viel mehr fabrikationstechnische Momente mit zu berücksichtigen. Die wärmetechnischen Einrichtungen einer industriellen Anlage müssen mit ihren übrigen

Einrichtungen innig verwachsen und mit der Anlage selbst zu einem organischen Ganzen so verbunden sein, wie das Herz und die Adern mit dem menschlichen Körper. Die Dampf- und Kraftzentrale wird mit allen von ihr gespeisten Leistungen für Kraft und Wärme zu einem der wichtigsten Bestandteile der Fabrik.

Die großen Verschiedenheiten, die hier in den Bedürfnissen jeder einzelnen Fabrik auftreten, haben auch eine große Verschiedenheit der Maschinen, die zur Befriedigung dieser Bedürfnisse unter Verwertung der Abfallenergie dienen, zur Folge. Die großen Maschinenfabriken haben schon Dampfmaschinen mit Abdampf- und Zwischendampfverwertung zu Tausenden und in den verschiedensten Ausführungen geliefert, Hunderte von Turbinen verschiedenster Dimensionen sind zu ähnlichen Zwecken im Betrieb und die Anzahl der Pferdekräfte, die auf diese Weise äußerst ökonomisch, zum Teil als Abfallkraft fast kostenlos erzeugt werden, gehen wohl schon in die Hunderttausende. Diese Kraftmengen sind aber nur ein kleiner Bruchteil der großen Kraftmengen, die heute noch ohne Berücksichtigung der Abfallenergieverwertung erzeugt werden, wobei 80—85% der in der verfeuerten Kohle enthaltenen Wärme verloren gehen.

VI. Kapitel.

(Die künftige Entwicklung der Abfallenergieverwertung. — Abfallkraft bei großem Fabrikationsdampfbedarf. — Verfügliche Abfallenergie in verschiedenen Industriezweigen. — Kennziffer des Energieüberschusses; Industrien mit verfüglicher Abwärme; Industrien ohne verfügliche Abfallenergie; Industrien mit verfüglicher Abfallkraft.)

Der Grund dafür, daß die Abfallenergieverwertung im Dampfbetriebe noch nicht weitere Dimensionen angenommen hat, liegt darin, daß die Fortschritte der Wärmetechnik den Industriellen, den Fabriksdirektor oder sonst die maßgebenden Persönlichkeiten immer nur so weit beschäftigen, als die eigene Fabrik in Frage kommt. Wird in dem Betriebe außer Kraft noch Dampf zu Koch-, Heiz- oder Trockenzwecken gebraucht, so wird eine Kombination in dem besprochenen Sinne studiert und gewiß auch eingeführt; denn die Kohlenersparnisse kommen der Fabrik zustatten und sind das treibende Moment für den betreffenden Fabriksbesitzer. Wenn er aber nur Kraft braucht, so erzeugt er nur die Kraft aus Kohle und nimmt die hierbei auftretenden großen Verluste als unvermeidlich mit in Kauf, indem er ungeheure Mengen Wärme als warmes Wasser in den Kanal fließen läßt. An eine Abfallwärmeverwertung über die Grenzen seines eigenen Betriebes hinaus denkt er nicht oder will er nicht denken. Nun liegt aber gerade hierin eine Entwicklungsmöglichkeit für die Abfallenergieverwertung, die für den einzelnen äußerst wirtschaftlich, für die Volkswirtschaft von größter Bedeutung ist. Die künftige Entwicklung der Abfallenergieverwertung liegt also nicht nur in der Kombination der Krafterzeugung mit der Deckung des Wärmebedarfes für Koch-, Heiz- und Trockenzwecke im Rahmen einer Fabriksanlage, sondern in der Vereinigung verschiedener Anlagen zum Zwecke gemeinsamer, möglichst vollkommener Ausnützung des Brennmaterials.

Krafterzeugung aus Dampf und Deckung des Wärmebedarfes für Fabrikationszwecke ergänzen sich so vollkommen, daß sowohl die Kraft als auch die Wärme als Abfallenergie bezeichnet werden können. Im vorhergehenden wurde von Abwärme bei der Krafterzeugung ausgegangen. Man kann aber ebenso von Abfallkraft bei der Wärmeverwendung für Koch-, Heiz- und Trockenzwecke sprechen. In dieser Form erklärt sich das Prinzip der Abfallenergieverwertung noch einfacher:

Der Kohlenbedarf für die Erzeugung von Dampf höherer Spannung ist dem Kohlenbedarf für die Erzeugung nieder gespannten Dampfes nahezu gleich; denn der Wärmeinhalt von 1 kg Dampf ist bei 2 Atm. 647 Kal., bei 14 Atm. und 300° C 729 Kal., also bloß um 13% größer; beiläufig in dem gleichen Verhältnisse steht der Kohlenbedarf bei der Erzeugung des Dampfes. Wenn man nun in großen Anlagen, in welchen für die Fabrikationszwecke große Mengen von niedrig gespanntem Dampf erforderlich sind, statt des niedrig gespannten Dampfes hochgespannten Dampf erzeugt und ihn von der hohen Erzeugungsspannung bis auf die niedere Spannung, die man in der Fabrikation benötigt, in Gegendruckdampfmaschinen oder Gegendruckturbinen verwertet, so erhält man eine gewisse Menge äußerst billiger Kraft, die man füglich als Abfallenergie bezeichnen kann.

Es ist demnach einerseits dort, wo Kraft gebraucht und in Dampfmaschinen erzeugt wird, billige Wärme in Form von Abdampf vorhanden, und zwar je nach den Verhältnissen für jede PS-Stunde 6—16 kg, eventuell auch mehr Abdampf[1]); anderseits kann dort, wo Fabrikationsdampf niederer Spannung gebraucht wird, Kraft fast kostenlos erzeugt werden, und zwar beiläufig für jedes Kilogramm Fabrikationsdampf $1/16$—$1/6$ PS-Stunde.

Wenn nun im folgenden versucht werden soll, die einzelnen Industriezweige nach diesen Gesichtspunkten zu ordnen, so muß

---

[1]) Die Menge des vorhandenen Abdampfes ist etwas geringer als der Dampfverbrauch der Maschine und hängt von den Admissionsverhältnissen (Spannung und Temperatur des Frischdampfes), insbesondere aber von der Spannung des Abdampfes (Gegendruck) ab. Die Abdampfmenge beträgt bei ökonomischer Arbeitsweise und bei einer Abdampfspannung von   1,   2   4   6   Atm. abs.
                  6,   7,5,   11,5,   16 kg pro PS-Stunde,
so daß hier in rohen Grenzen für die allgemeine Betrachtung mit einer Abdampfmenge von 6—16 kg pro PS-Stunde gerechnet werden kann.

zunächst auf die Schwierigkeit einer solchen generellen Behandlung der Industriezweige hingewiesen werden. Denn die Kraftverbrauchs- und Dampfverbrauchsziffern der meisten Industrien sind in dieser Form überhaupt nicht bekannt und an und für sich schwer zu ermitteln; sie sind in den verschiedenen Betrieben ein und desselben Industriezweiges verschieden, hängen nicht nur von Eigenheiten in den Produktionsmethoden, sondern auch von lokalen Verhältnissen, Kohlenkosten, Arbeiterfragen u. dgl. ab. In den meisten Industrien wird mit allgemeinen Faustformeln, wie Kilogramm Kohle pro Kilogramm fertiges Produkt, gerechnet. In anderen Industriezweigen kann man von Betriebsleitern die Auskunft erhalten, daß so und so viele Quadratmeter Kesselheizfläche für eine bestimmte Jahresproduktion erforderlich sind. Allen diesen Ziffern fehlt aber eine präzise technische Basis, weil ja beispielsweise in dem ersteren Falle die Qualität der Kohle und in dem letzteren Falle die Beanspruchung der Heizfläche, Verhältnisse, die wieder von den verschiedensten Faktoren abhängen, in Frage kommen. Immerhin bieten derartige Angaben einen Anhaltspunkt für den Fachmann, der die Nebenumstände richtig bewertet. Als verläßlichste Grundlage können allerdings nur Versuche und wärmetechnische Messungen bezeichnet werden. Ergebnisse solcher Arbeiten dringen aber nur vereinzelt in die Öffentlichkeit und man ist in der Regel auf seine eigenen Beobachtungen, deren Kreis beschränkt ist, angewiesen. Aus diesem Grunde und weil auch den verschiedenen Verhältnissen in den Betrieben gleicher Industriezweige Rechnung getragen werden muß, sind die Ziffern über den Dampfbedarf und den Kraftverbrauch nur zwischen verhältnismäßig weiten Grenzen anzugeben. Dies genügt aber für den vorliegenden Fall, denn die daraus berechneten Fabrikationsdampfmengen pro verbrauchte PS-Stunde erfüllen den Zweck einer Kennziffer, wie sich zeigen wird, vollkommen und lassen die bezweckte Unterscheidung leicht zu.

Wenn in einem Betriebe für eine gewisse Produktionsmenge gerade 6—16 mal soviel Kilogramm Fabrikationsdampf gebraucht werden, als PS-Stunden notwendig sind, so kann dieser Betrieb unter Umständen, auf welche noch näher eingegangen werden wird, seine Abfallenergie selbst verbrauchen, er hat keine oder nur wenig Abfallenergie übrig und bildet in dieser Hinsicht ein Ganzes für sich. Natürlich ist dieses günstige Verhältnis nur in wenigen

Fällen bei einigen Industriezweigen vorhanden. Bei den meisten Industriezweigen ist das Verhältnis ein anderes; diese haben dann Abfallwärme oder Abfallkraft in großer Menge verfüglich. Der Preis solcher Abfallenergie kann naturgemäß sehr nieder sein und ihre Abgabe wird sich um so mehr lohnen, je mehr das Verhältnis der benötigten Fabrikationsdampfmenge zur benötigten Kraft von obigen Ziffern abweicht.

Es dient sohin die Zahl, welche angibt, wieviel Kilogramm Fabrikationsdampf pro PS-Stunde in der betreffenden Industrie benötigt werden, als Kennzeichen dafür, ob dieser Industriezweig seine Abfallenergie selbst verwenden kann, oder ob er Abfallkraft oder Abfallwärme in größerer Menge verfüglich hat. Ist nämlich diese Zahl kleiner als 6, so bedeutet dies, daß bei Erzeugung der ganzen benötigten Kraft in einer Gegendruckmaschine nicht der ganze, die Maschine verlassende Abdampf im Betriebe selbst Verwendung finden kann; es ist vielmehr Abdampf bzw. Abwärme übrig, die eventuell über den Rahmen des eigenen Betriebes hinaus verwertet werden könnte. Wenn die Zahl hingegen größer ist als 16, so kann, wenn der ganze benötigte Fabrikationsdampf vorerst zur Krafterzeugung verwendet wird, nicht die ganze erzeugte Kraft im eigenen Betriebe verbraucht werden; es erübrigt Abfallkraft, die, anderen Zwecken zugeführt, eventuell verkauft werden kann. Wenn schließlich die in Rede stehende Kennziffer zwischen 6 und 16 liegt, so ist bei Abdampfverwertung keine wesentliche Menge von Abfallkraft oder Abfallwärme verfüglich[1]).

---

[1]) Genau genommen müßte man noch die Fabrikationsdampfspannung, die durch den betreffenden Fabrikationsprozeß gegeben ist und den Gegendruck bestimmt, mit dem die Dampfmaschine arbeitet, in Berücksichtigung ziehen. Genügt beispielsweise für einen Betrieb, dessen Kennziffer etwa 7,5 ist, eine Fabrikationsdampfspannung von etwa 2 Atm abs., so ist, weil auch der Dampfverbrauch der Gegendruckmaschine bzw. die Menge des sie verlassenden Abdampfes ungefähr 7,5 kg pro PS-Stunde beträgt, kein überflüssiger Abdampf vorhanden. Wenn aber ein Betrieb mit der Kennziffer 7,5 eine hohe Fabrikationsdampfspannung, etwa 4 Atm., erfordert, was einer Abdampfmenge der Gegendruckmaschine von etwa 11,5 kg pro PS-Stunde entspricht, so ist bei reinem Gegendruckbetrieb mehr Abdampf vorhanden, als gebraucht wird. Immerhin wird auch in diesem Falle die Verwertung des überschüssigen Abdampfes über den Rahmen des eigenen Betriebes hinaus in der Regel nicht durchführbar sein, weil der Überschuß nicht groß genug und wegen der unvermeidlichen Schwankungen im eigenen Bedarf überhaupt nur vorübergehend vorhanden

In Tabelle 5 ist eine Gruppierung verschiedener Industrien nach den vorstehend angeführten Gesichtspunkten versucht. In der ersten Kolonne sind die Industriezweige angeführt und in drei Hauptgruppen geteilt.

Die erste Hauptgruppe umfaßt kraftverbrauchende Industrien, welche keine oder nur sehr wenig Dampfwärme für Fabrikationszwecke benötigen. Ihr Kraftbedarf pro Produktionseinheit, welche in der zweiten Kolonne ausdrücklich angegeben ist und sich auf das Fertigprodukt bezieht, findet sich in der dritten Kolonne verzeichnet. Hier figurieren die elektrochemischen Industrien (Pos. Nr. 1—5) mit hohem Kraftbedarf an erster Stelle, die anderen angeführten Industrien (Pos. Nr. 6—13) haben fast alle weitaus geringeren Kraftverbrauch pro Produktionseinheit. In der nächsten Kolonne ist der Fabrikationsdampfbedarf angegeben, der bei diesen Industrien null oder minimal ist. Infolgedessen ist auch die in der darauffolgenden Kolonne angeführte Kennziffer (kg Fabrikationsdampf pro PS-Stunde) hier überall null oder fast null. Diese Industriezweige sind für Antrieb durch Wasserkraft prädestiniert. Wird aber in diesen Industriezweigen die Kraft mit Dampf erzeugt, so erübrigt auf Grund des Vorgesagten Wärme als Abfallenergie.

sein wird. In diesem Falle wird vielmehr die Zwischendampfentnahme als das Wirtschaftlichste erscheinen. Wenn anderseits die Kennziffer des Betriebes sich dem Werte 16 nähert und für den Betrieb eine hohe Fabrikationsdampfspannung gebraucht wird, so wird die Gegendruckmaschine so viel Kraft und gleichzeitig so viel Abdampf geben, als benötigt wird. Soll aber im Betriebe mit hoher Kennziffer Fabrikationsdampf niederer Spannung, also eine Dampfmaschine mit niederem Gegendruck verwendet werden, so wird, wenn aller Dampf durch die Maschine geht, mehr Kraft vorhanden sein, als gebraucht wird. Aber auch hier wird diese verfügbare Abfallenergie in der Regel der Menge nach nicht sehr ins Gewicht fallen, und es wird, insbesondere wegen der großen Schwankungen, denen dieser verhältnismäßig kleine Kraftüberschuß ausgesetzt ist, seine Verwertung außerhalb des Betriebes nur selten in Frage kommen; es wird vielmehr zweckmäßiger sein, in solchen Betrieben nur soviel Kraft in der Gegendruckmaschine zu erzeugen, als dort selbst gebraucht wird, und das Manko, den fehlenden Abdampf, durch reduzierten Frischdampf zu ergänzen. Infolgedessen können die Betriebe, deren Kennziffer, das ist deren Fabrikationsdampfbedarf in Kilogramm pro verbrauchte PS-Stunde, zwischen 6 und 16 liegt, für die vorliegenden allgemeinen Betrachtungen füglich als solche bezeichnet werden, welche keine oder nur sehr wenig Abfallenergie verfüglich haben, im Gegensatz zu jenen Industriezweigen, deren Kennziffern wesentlich kleiner oder größer sind.

Tabelle 5. Energiebedarf und Abfallenergie

Pos.-Nr.	Industriezweig Betrieb	Bezugseinheit (Produktionseinheit)	Energie Kraft PS-Stunden
		I. Abfallwärme	
	Elektrochemische Industrien:		
1	Aluminium	pro kg	35
2	Luftsalpeter	„ „	11
3	Wasserstoff	pro cbm	11
4	Kalkstickstoff	pro kg	5
5	Kalziumkarbid	„ „	5
	Andere Industrien:		
6	Sauerstoff (Luftdestillation)	pro cbm	4,0
7	Holzstoff	„ kg	2,0
8	Spinnerei	„ „	2,0
9	Elektrizität	„ kWh	1,5
10	Walzeisen (Flacheisen, Draht)	„ kg	0,16
11	Zement	„ „	0,13
12	Weizenmühle	„ „	0,1
13	Eis	„ „	0,05
		II. Keine oder wenig	
14	Bier	pro Liter	0,1—0,2
15	Kartoffelstärke	pro kg	0,1—0,2
16	Papier	„ „	0,4—0,6
17	Weberei	„ „	1—1,5
18	Zellulose	„ „	0,4—0,5
19	Leder	„ „	1—1,3
		III. Abfallkraft	
20	Kunstseide	pro kg	6—8
21	Preßhefe (Lüftungsverfahren)	„ „	0,6—1
22	Zündhölzchen	„ Kiste[1])	30—35
23	Zucker	„ kg	0,15—0,25
24	Wäscherei	„ „	0,3—0,4
25	Leim	„ „	0,7—0,9
26	Kartoffelsirup	„ „	0.05—0,07
27	Färberei	„ „	0,05—0,1
28	Spiritus (Dickmaischverfahren)	pro Liter	0,1—0,2
29	Seife	pro kg	0,1—0,2
30	Badeanstalten	pro Besucher	0,3—0,5
31	Zentralheizungen	pro cbm Raum und Stunde	minimal

[1]) 100 Pakete je 100 Schachteln je 60 Hölzchen.

Kennziffer des Energieüberschusses.

verschiedener Industriezweige. Tabelle 5.

bedarf Fabrikationsdampf kg	Kennziffer Fabrikationsdampf in kg pro PS-Stunde	Abfallenergie
verfüglich:		
—	0	Bei Verwendung von Dampfkraft sind, je nach dem Temperaturniveau bzw. je nach Dampfspannung, pro PS-Stunde an Abwärme verfüglich: ca. 2400 Kal., d. s. ca. 4 kg Vakuumdampf oder ca. 50 kg Warmwasser von ca. 70° C. ca. 3800 Kal., d. s. ca. 6 kg Dampf von 1 Atm. abs. ca. 5000 Kal., d. s. ca. 7,5 kg Dampf von 2 Atm. abs. ca. 7800 Kal., d. s. ca. 11,5 kg Dampf von 4 Atm. abs. ca. 11000 Kal., d. s. ca. 16 kg Dampf von 6 Atm. abs.
minimal	fast 0	
—	0	
minimal	fast 0	
—	0	
—	0	
—	0	
minimal	fast 0	
—	0	
—	0	
minimal	fast 0	
Abfallenergie verfüglich:		
0,5—0,9	3—6—9	Die bei der Krafterzeugung resultierende Abfallenergie (Abdampf) wird im eigenen Betrieb ganz oder wenigstens so weit aufgebraucht, daß wesentliche Mengen nicht mehr verfüglich bleiben.
0,5—1	3—6—10	
2,5—3	4—6—7	
8—12	5—8—12	
5,5—6,5	11—13—16	
15—22	12—16—22	
verfüglich:		
110—150	14—20—25	
16—22	16—25—40	
700—1100	20—27—37	
5—6	20—30—40	Da pro kg Fabrikationsdampfbedarf $^{1}/_{16}$—$^{1}/_{6}$ PS-Stunde erzeugt werden können, bleiben nach Deckung des Eigenbedarfes an Kraft noch namhafte Mengen Abfallkraft verfüglich.
9—11	22—30—37	
25—35	28—40—50	
2,2—2,8	30—45—56	
3—5	30—65—100	
6—15	30—70—150	
6—18	30—80—180	
40—70	80—100—230	
0,02—0,04	fast ∞	

Die Menge dieser Abwärme ist in der letzten Rubrik vermerkt; sie beträgt, den früheren Ausführungen entsprechend, je nach dem Temperaturniveau bzw. der Abdampfspannung 2400—11000 Kal. pro PS-Stunde. (Weniger als 2400 Kal. pro PS-Stunde betrüge die Abwärmemenge nur bei Kondensationsbetrieb mit sehr gutem Vakuum, wo nur etwa 2000 Kal. als Abwärme vorhanden wären; diese Wärme befindet sich aber im Kondensationswasser auf einem sehr niederen Temperaturniveau von 30—40° und ist demnach nahezu unverwertbar.)

In der zweiten und dritten Hauptgruppe sind solche Industriezweige verzeichnet, welche neben Kraft auch Fabrikationsdampf brauchen, und es sind in der gleichen Weise wie für die erste Gruppe die benötigten Kraft- und Fabrikationsdampfmengen pro Produktionseinheit und die daraus berechneten Kennziffern angeführt. Diese Werte sind alle zwischen einer unteren und oberen Grenze angegeben, für die Kennziffer ist außerdem noch, fett gedruckt, ein Mittelwert eingetragen. Nach diesen Mittelwerten der Kennziffern sind die Industriezweige geordnet.

Die zweite Gruppe umfaßt Industriezweige, deren Kennziffern zwischen 6 und 16 liegen; hier ist im Sinne der früheren Ausführungen keine oder nur verhältnismäßig wenig Abfallenergie verfüglich.

Bei den ersten Industriezweigen dieser Gruppe, Bierbrauerei, Stärke- und Papierfabrikation (Pos. Nr. 14 bis 16), deren Kennziffer beiläufig 6 ist, wo also der durchschnittliche Fabrikationsdampfbedarf noch kleiner ist als die Abdampfmenge einer Dampfmaschine, die mit 1—2 Atm. Gegendruck arbeitet, wäre eigentlich die Zwischendampfentnahme bzw. die Anzapfung am Platze.

In der Bierbrauerei ist diese Art des Betriebes bereits vielfach eingeführt, da hier ihre großen Vorteile besonders durch Eberle in München erwiesen wurden. Wenn man trotzdem daran ist, von der Zwischendampfverwertung abzugehen und wieder zur direkten Feuerkochung zu greifen, so liegt das einerseits daran, daß die Feuerungen der Braupfannen so verbessert und durch Ausnützung der Abgase zur Wasservorwärmung so sehr vervollkommnet wurden, daß der Effekt dieser Feuerungen dem der besten Kesselfeuerungen nicht viel nachsteht; anderseits hat das Arbeiten mit Zwischendampfverwertung den Manipulationen im Fabrikbetriebe in ihrer zeitlichen Reihenfolge gewisse Beschränkungen auferlegt, damit sich der Dampfverbrauch zu Kochzwecken den Schwankungen im Kraftbedarf anpasse, und umgekehrt. Die Brauereileiter lassen sich gerne von diesem mit der Zwischendampfverwertung zusammenhängenden Zwange durch Rückkehr zur Feuerkochung befreien.

In der Kartoffelstärkefabrikation (Pos. Nr. 15) findet sich vorwiegend Abdampfverwendung vor. Die Erzeugung von Kartoffelstärke ist meist mit anderen Nebenfabrikationen (Kartoffeltrocknung, Flockenerzeugung, Dextrinfabrikation oder dgl.) verbunden. Auch muß bei der Wahl der Betriebsmittel auf die geänderten Verhältnisse in der Nachkampagne Rücksicht genommen werden. Deshalb ist die Zwischendampfentnahme nicht ohne weiteres immer ratsam.

In der Papierindustrie (Pos. Nr. 16) ist der Einzelantrieb der Papiermaschinen durch separate kleine Dampfmaschinen noch zu sehr eingebürgert und es wird einstweilen noch vielfach dezentralisiert mit mehreren kleinen Maschinen gearbeitet, indem die Antriebsmaschinen der Papiermaschinen mit Gegendruck laufen und die Trockenzylinder mit ihrem Abdampf geheizt werden, während der übrige Kraftbedarf von einer oder mehreren Kondensationsmaschinen gedeckt wird. Die Fortschritte, welche der elektrische Antrieb der Papiermaschinen macht, wird aber auch in der Papierindustrie zu einer Zentralisierung der Krafterzeugung führen; dann wird die Zwischendampfentnahme oder, was dasselbe ist, das Arbeiten mit zwei parallel geschalteten Zentralmaschinen, von denen die eine mit Gegendruck, die andere mit Kondensation in einer Kraftzentrale arbeiten, zur allgemeinen Anwendung kommen.

Das gleiche gilt von der Zelluloseindustrie (Pos. Nr. 18), sofern nach dem Sulfitverfahren (Sulfitzellulose) gearbeitet wird. Auch hier kann der Abdampf der in Gegendruckmaschinen erzeugten Kraft ganz aufgebraucht werden. Die Entwicklung der Zelluloseindustrie strebt aber neuen Verfahren zu (Natronzellulose), bei welchen Kochdampf von so hoher Spannung (8 Atm. und mehr) erforderlich ist, daß die Verwendung von Gegendruckmaschinen, die den notwendigen Kochdampf liefern, nicht ohne weiteres in Frage kommt; der Kochdampf hoher Spannung muß vielmehr direkt den Kesseln entnommen werden. Nichtsdestoweniger gibt es auch bei der Herstellung von Natronzellulose einen großen

VI. Kapitel.

Bedarf an Fabrikationsdampf geringerer Spannung für andere Zwecke (Laugenwiedergewinnung, Mischer, Trocknung u. dgl.), so daß auch dieser neue Zweig dieser Abdampfverwertung nicht entraten kann.

Die Lederindustrie (Pos. Nr. 19) hat die mittlere Kennziffer 16, sie gehört also auch noch zu jenen Industrien, wo der Fabrikationsdampfbedarf durch Abdampf gedeckt werden kann. Die Höhe der Kennziffer bestätigt aber die Tatsache, daß der Abdampf nicht immer vollkommen ausreicht und auch Frischdampfzusatz zeitweilig notwendig werden kann. Unter normalen Verhältnissen ist dieser Frischdampfzusatz verhältnismäßig geringfügig. Immerhin liegen Industriezweige mit so hoher Kennziffer bereits an der Grenze der zweiten Hauptgruppe und es kann hier spezielle Betriebe mit so großem Fabrikationsdampfbedarf geben, daß sie schon als zur dritten Gruppe gehörig betrachtet werden müßten. Aber auch in diesen Fällen wird es noch mit Rücksicht auf die großen Schwankungen im Dampfbedarf fraglich sein, ob Abfallkraftverwertung, wie sie bei der dritten Gruppe besprochen werden wird, schon hier in Betracht kommt.

In der dritten Gruppe sind Industriezweige mit Kennziffern über 16, also mit verhältnismäßig hohem Fabrikationsbedarf pro PS-Stunde, angeführt. Die mittleren Kennziffern liegen hier zwischen 20 und fast ∞. Diese Gruppe ist die interessanteste von allen, weil aus den hier angeführten Industrien verfügliche Kraft in großen Mengen geschöpft werden kann und weil ihre Ausnützung in diesem Sinne und in allgemeiner Form bisher fast überall vernachlässigt wurde.

Bei diesen Betrieben ist die Menge des benötigten Koch-, Heiz-, Trocken- oder sonstigen Fabrikationsdampfes dem Kraftbedarf gegenüber sehr groß. Wenn die ganze benötigte Kraft in Gegendruckmaschinen erzeugt und der Abdampf zu Fabrikationszwecken benützt wird, so ist noch ein großer Zuschuß an Fabrikationsdampf notwendig, der den Kesseln direkt entnommen werden muß. Diese Industrien sind zwar, wenn sie in dieser Weise arbeiten, für sich allein betrachtet, wärmetechnisch vollkommen auf der Höhe; denn sie nützen den zur Krafterzeugung aufgewendeten Dampf bzw. die bei der Krafterzeugung auftretende Abfallwärme gänzlich aus und der Nutzeffekt, mit dem der Zusatzdampf zu Fabrikationszwecken verwendet wird, ist bei zweckmäßiger

Einrichtung ebenfalls bis nahe an 100% zu bringen. Nichtsdestoweniger ist der Zusatzdampf noch nicht so gut ausgenützt, wie es möglich wäre, wenn er genau so wie der ersterwähnte Teil des Fabrikationsdampfes vorerst durch eine Maschine geschickt, zur Krafterzeugung verwendet und erst nach seinem Austritt aus der Maschine den Fabrikationszwecken zugeführt würde. Es würde auf diese Weise überschüssige Abfallkraft vorhanden sein.

Die Kosten dieser Abfallkraft sind minimal, nachdem nur einige Prozente an Brennmaterial mehr gebraucht werden, als wie wenn der Dampf den Fabrikationszwecken direkt von den Kesseln zugeführt würde. Die Anlagekosten, die zur Ermöglichung dieser Art des Betriebes aufzuwenden sind, reduzieren sich auf die Kosten der Dampfmaschine bzw. Dampfturbine bzw. auf die Mehrkosten der größeren Maschine, denn die Kesselanlage und alle übrigen zur Dampferzeugung gehörigen Einrichtungen werden ohnedies für die Erzeugung des Fabrikationsdampfes gebraucht. Die jährlichen konstanten Betriebskosten, die auf Rechnung der Krafterzeugung zu setzen sind, betrügen daher unter normalen mittleren Vorkriegsverhältnissen bloß etwa 10 K pro Kilowatt, und die Brennmaterialkosten, welche auf Rechnung der Kraft zu setzen sind, betrügen selbst bei hohen Kohlenpreisen nur etwa 0,25 h pro kWh. Insgesamt resultierten demnach bei einer solchen Anlage mit einer Ausnützung von nur 40% Gestehungskosten im Größengrade von zirka 0,5 h pro kWh. Es kann also durch derartige Verwertung von Abfallkraft im Dampfbetriebe Strom zu ausnehmend niederen Preisen erzeugt werden. Und diese Quellen billiger Kraft sind weit ausgiebiger und reicher, als man meinen könnte; hier hat die Wärmetechnik noch die Möglichkeit, mit der Elektrotechnik vereint, Probleme von ungeahnter Tragweite zu lösen.

VII. Kapitel.

(Vereinigung von Betrieben zur gegenseitigen Ausnützung ihrer Abfallenergie. — Einfluß der Kohlenkosten auf die Wirtschaftlichkeit der Produktion. — Vereinigung von Heizungsanlagen und Badeanstalten mit Elektrizitätswerken; Beispiele. — Akkumulierung und ökonomische Fortleitung der Wärme als Voraussetzung praktischer Abfallenergieverwertung. — Neue Richtlinien für die Entwicklung von Elektrizitätswerken. — Abfallkraftverwertung und die Elektrizitätszentralen.)

Bei Betrachtung der Gruppierung in Tabelle 5 drängt sich der Gedanke auf, einzelne Industriezweige der ersten Gruppe mit Industriezweigen der dritten Gruppe zum Zwecke gemeinsamer und gegenseitiger Ausnützung ihrer Abfallenergie zu vereinigen, denn die Betriebe der ersten Gruppe brauchen nur Kraft und die der dritten Gruppe haben Abfallkraft verfüglich; dazu ist diese Abfallkraft noch weitaus billiger, als sie die Betriebe der ersten Gruppen erzeugen könnten.

Die Möglichkeiten solcher lokalen Kombinationen sind mannigfach und im großen ganzen durch keine vorweg ausschließenden Grenzen beengt. Natürlich wird es für lokale Vereinigung vorteilhaft sein, wenn die betreffenden Betriebe außer der Absicht verbilligter Kraft- und Wärmewirtschaft noch andere gemeinsame Interessen haben, die die freundschaftlich-nachbarlichen Beziehungen gleichsam unterstützen.

So z. B. haben die Spiritus- und Preßhefefabrikation, Industriezweige der dritten Gruppe, mit der Müllerei, die der ersten Gruppe angehört, viele Interessen gemeinsam, die sie an und für sich einander nahe bringen; ja, man wird Betriebe dieser Art überhaupt oft nahe beieinander liegend finden. Um so erstaunlicher ist es aber, daß auch dann jeder dieser Betriebe seine eigene Kraft- und Dampfzentrale besitzt: Die Spiritusfabrik und die Preßhefefabrik werden mit vielen Kesseln ausgestattet, von denen mehrere zur direkten Dampfentnahme für Fabrikationszwecke dienen und womöglich noch altmodisch mit niederer Spannung arbeiten, während die Mühle die benötigte Kraft ebenfalls aus Kohle für sich allein erzeugt und selbst bei bester Einrichtung, sorgsamster Wartung und sparsamstem Betriebe nur etwa 20 % der in der Kohle enthaltenen Energie zur Krafterzeugung ausnützt. Die Vereinigung durch eine gemeinsame Kraft- und Dampfzentrale würde den Kohlenverbrauch um 70—80 % des Kohlenverbrauches der Mühle zu reduzieren ermöglichen.

Als Beispiel sei eine Spiritusfabrik angeführt, die inklusve der dazugehörigen Schlempetrocknungsanlage 11 kg Fabrikationsdampf und 0,17 PS-Stunden pro Liter Destillat benötigt. Dies entspricht den tatsächlichen Verhältnissen einer mittleren Spiritusfabrik. Eine Gegendruckmaschine, die mit 12 Atm. und 280° Admission arbeitet, liefert bei 2 Atm. absolutem Gegendruck 7,5 kg Abdampf pro PS-Stunde. Auf 11 kg Abdampf entfallen demnach 1,47 PS-Stunden. Nach Deckung des Eigenbedarfes von 0,17 PS-Stunden verbleiben demnach 1,3 PS-Stunden, d. h. die Spiritusfabrik hat für jeden erzeugten Liter Destillat 1,3 PS-Stunden als Abfallkraft verfüglich. Der Dampfverbrauch ist nur gering, denn, um 7,5 kg Abdampf zu erhalten, müssen der Maschine etwa 8,3 kg Dampf zugeführt werden; es sind demnach nur etwa 0,8 kg Dampf pro PS-Stunde für die Krafterzeugung aufzuwenden. Beträgt die Produktion der Spiritusfabrik 250 hl pro Tag, so sind $25\,000 \times 1,3 = 32\,500$ PS-Stunden pro Tag als Abfallkraft vorhanden. Nachdem eine Weizenmühle laut Pos. 13 der Tabelle 5 nur 0,1 PS-Stunde pro Kilogramm Mahlgut benötigt, würde diese Abfallkraft genügen, um 325 t Mehl pro Tag zu erzeugen. Eine Kondensationsmaschine bester Konstruktion zum Mühlenantrieb würde 4 kg Dampf pro PS-Stunde erfordern, da aber für die Abfallkraft der Spiritusfabrik nur 0,8 kg Dampf pro PS-Stunde zu rechnen sind, beträgt die Dampf-, also auch die Kohlenersparnis 80 % des Kohlenverbrauches der Mühle. Die Mühle würde, mit der Kondensationsmaschine betrieben, $32\,500 \times 4 = 130\,000$ kg Dampf bzw. rund 2 Waggons guter Kohle pro Tag verbrauchen. Es werden sohin bei der Kombination der Spiritusfabrik mit der Mühle durch die gegenseitige Abfallenergieverwertung 1,6 Waggons Kohle pro Tag, bei 250 Betriebstagen 400 Waggons Kohle pro Jahr erspart.

Eine andere Kombination, die sich aus der Natur der betreffenden Industriezweige von selbst ergibt, ist die der Spinnerei, Weberei und Appretur (Färberei, Druckerei oder dgl.). Die Spinnerei als Betrieb der Gruppe I (Pos. 8) braucht fast nur Kraft, die Färberei (Pos. 27) ebenso wie die Druckerei braucht sehr viel Dampf und wenig Kraft, die reinen Webereibetriebe, wie sie in Gruppe II eingereiht sind, verbrauchen zwar ihre Abfallenergie selbst, da sie aber meist auch Appretur betreiben, ist auch hier oft Abfallkraft verfüglich. Man findet Spinnerei, Weberei und Appretur in vielen Fällen lokal vereinigt; eine Vereinigung der Kraft- und Wärmewirtschaft mit gegenseitiger Ausnützung der

Abfallenergie ist aber nur selten durchgeführt, sie würde aber in vielen Fällen große Ersparnisse erzielen lassen.

Aber auch dort, wo keine besondere Interessengemeinschaft im Wesen der Betriebe selbst begründet ist, kommen derartige Kombinationen in Frage, wenn es sich um Industrien handelt, bei denen die Kohlenkosten einen für die Rentabilität der Anlage wichtigen Faktor darstellen. Man muß es aber im Interesse der Volkswirtschaft bedauernd konstatieren, daß bei vielen Industrien leider geringe Kohlenkosten nicht zu ihren Lebensbedingungen gehören und infolgedessen das Kohlenkonto nicht jene Berücksichtigung erfährt, die ihm vom allgemein wirtschaftlichen Standpunkte aus gebührt. Dies geht schon daraus hervor, daß in ein und demselben Industriezweige Betriebe zu finden sind, die aus gleichen Rohprodukten das gleiche Fabrikat herstellen, hierzu nahezu die gleichen Fabrikationsmethoden verwenden, aber vollkommen verschiedene Kohlenmengen verbrauchen und pro Produktionseinheit ganz verschiedene Kohlenkosten haben. So wurde bezüglich der Bierbrauereien bereits erwähnt, daß in statistischen Ausweisen in Bayern Kohlenkosten von 30 Pf. bis 1 M. pro Hektoliter zu finden sind, trotzdem sich Bayern eines verhältnismäßig hohen Standes der Brautechnik rühmen kann und die Verfahren guter Wärmeausnützung dort ziemlich allgemein angewendet werden. Aus den Grenzen, zwischen welchen die Dampf- und Kraftverbrauchsziffern in Tabelle 5 angegeben sind, kann beiläufig auf die Verschiedenheit des Kohlenverbrauches der einzelnen Betriebe eines und desselben Industriezweiges geschlossen werden, wobei bemerkt sei, daß diese Grenzen noch nicht die am weitesten unter und über den Mitteln gelegenen Ziffern enthalten. In vielen der dort angeführten Posten wurden vielmehr tatsächlich ermittelte Werte aus der Praxis unberücksichtigt gelassen, weil sie das Intervall zwischen den Grenzen gar zu weit gemacht und das Bild der durchschnittlichen Verhältnisse gar zu sehr verwischt hätten. Zur Illustrierung sei nur beispielsweise angeführt, daß Preßhefe- und Spiritusfabriken in Wien existieren, deren Kohlenverbrauch pro Produktionseinheit trotz gleichen Rohmaterials, gleichen Endproduktes und trotz der durch die Lage in der Großstadt auch im übrigen in gleicher Weise beeinflußten Nebenumstände im Verhältnis von 1:4 stehen, wobei aber der Betrieb mit dem niederen

Verbrauche noch nicht zu den ökonomischesten und der andere noch nicht zu den schlechtesten seiner Art gehört.

Im Kriege haben sich diese Verhältnisse trotz der zwingenden Notwendigkeit, an Kohle zu sparen, nicht gebessert. Ja, sogar bei wichtigen Kriegsbetrieben konnten Unterschiede im Dampf- bzw. Kohlenverbrauch bei ein und derselben Fabrikationsweise in ganz gleichartigen Anlagen konstatiert werden. So haben Versuche in fünf Fabriken, in denen ein mit Salpeter und Schwefelsäure behandelter Rohstoff durch Dämpfen und Kochen von den Säuren befreit werden soll, ergeben, daß zu diesem Prozesse in den fünf Anlagen, auf das gleiche Einheitsquantum bezogen, 6,5, 9,3, 10,2, 11,6 und 12,6 t Dampf verbraucht wurden[1]). Das Gleiche wäre von vielen anderen Betrieben bestimmter anderer Industriezweige ebenso zu erweisen.

Man sollte meinen, daß solche Differenzen die Konkurrenzfähigkeit des schlechteren Betriebes schon vor dem Kriege beeinträchtigen mußten. Leider stellten aber die Kohlenkosten in diesen Industriezweigen, auch wenn sie viele Male so hoch waren, als notwendig, nur einen verschwindenden Teil der gesamten Kosten der betreffenden Industriezweige dar und konnten schon durch eine kleine Preisdifferenz im Einkauf des Rohmaterials oder im Verkauf des Fertigproduktes vollkommen wettgemacht werden; eine glückliche Hand bei Preisspekulationen in den verarbeiteten Materialien kann die Differenz im Kohlenkonto zehnfach wieder hereinbringen. Das verringerte natürlich das Interesse für das Kohlenkonto in vielen Betrieben und ließ es als viel lohnender erscheinen, die Aufmerksamkeit auf die Preiskonjunkturen in sonstigen Betriebs- und Rohmaterialien zu werfen. Den rein kaufmännischen Dingen wird eben gegenüber den technischen Fragen des Betriebes immer ein Vorrang eingeräumt. Wenn aber dann schon die technische Seite überhaupt zur Sprache kommt, so handelt es sich vorerst um vergrößerte Leistungsfähigkeit der Fabriksanlage, dann um vergrößerte Ausbeute am erzeugten Produkt, d. h. um die Aufgabe, aus dem gegebenen Rohmaterial möglichst viel verkaufsfähige Ware zu erzeugen, die Kohle aber und ihre Ausnützung bildete in derartigen Betrieben erst eines der letzten Glieder in der langen

---

[1]) Zeitschrift der Dampfkessel-Untersuchungs- u. Vers.-Gesellsch. Wien, Jahrg. 1919, Nr. 4 u. 5, „Der Dampfverbrauch im Kochbetrieb von Insp. Ziv.-Ing. Karl Koerber.

Kette von Problemen, die den Besitzer oder den Fabriksleiter beschäftigen.

Heute ist dies notgedrungenerweise anders geworden. Heute steht die Kohle im Mittelpunkte aller Sorgen des Betriebsleiters; aber auch hier muß sich das Bestreben dahin richten, zunächst überhaupt Brennmaterial zu erhalten. Wenn sich aber nach Überwindung der Krise die Verhältnisse wieder den früheren nähern sollten, so wird es notwendig sein, der technischen Seite des Problems jene Aufmerksamkeit zu widmen, die ihr gebührt, und nicht erst dann an die Kohlenfrage zu denken, wenn ein neuer Kohlenschluß zu tätigen ist oder ein neues Kohlenoffert einlangt. Der Preis der Kohle pro Waggon ist an und für sich für die gesamten Kohlenkosten der meisten Betriebe absolut nicht ausschlaggebend und es spielen bekanntlich viele andere Faktoren für die Ökonomie noch mit. Von all diesen Faktoren scheint dem Kaufmann der Heizwert der Kohle das Maßgebende zu sein und er zieht bei Beurteilung der neuen Kohle in erster Linie und vielleicht ausschließlich den Heizwert in Betracht. Ist der Preis beispielsweise um 40% niederer und der Heizwert nur um 30% geringer, so ist er geneigt, dies als ausschlaggebenden Vorteil zu betrachten. Bei genauem Studium durch den Fachmann ergibt sich aber in vielen derartigen Fällen, daß diese Kalkulation falsch ist. Die Verfeuerungsmöglichkeit auf den vorhandenen Einrichtungen hängt von vielen Eigenschaften der Kohle ab, die nicht durch den Heizwert charakterisiert sind; der Aschen- und Feuchtigkeitsgehalt, die Schlackenbildung und die Art der Schlacke und viele andere Momente sind für die Ökonomie und die Rentabilität oft viel mehr ausschlaggebend, als der Heizwert und der Preis. Für gewisse Kohlensorten sind spezielle Feuerungseinrichtungen, Änderungen an den Rosten oder dergleichen notwendig, wobei Amortisation und Verzinsung der Investitionen zu berücksichtigen sind. Außerdem sind aber noch wichtige Fragen bezüglich der Asche und Schlacke zu lösen, wie sie gelegentlich der Besprechung der Verfeuerung von Abfallkohlen bereits erwähnt wurden. Die rein kaufmännischen Erwägungen können also nicht entscheiden, oder führen, wenn sie allein berücksichtigt werden, oft zu den größten Enttäuschungen. Große Anlagen, die auf Verfeuerung billiger Kohle aus ihrer nächsten Umgebung gerechnet hatten, waren schon oft bemüßigt, sich nachträglich auf Kohle einzurichten, die von weit her zu weit höherem Preise bezogen werden mußte, deren Verwendung aber das gesamte Kohlenkonto wesentlich reduzierte; die vernachlässigten Momente technischer Natur hatten sich durchgesetzt und die ursprünglich allein berücksichtigten, auf falscher Grundlage aufgebauten, rein kaufmännischen Momente mußten in den Hintergrund treten.

Nichtsdestoweniger wäre es verfehlt, die rein kaufmännische Seite ganz zu vernachlässigen; auch das führt zu Enttäuschungen und Fehlgriffen. So wurde durch Betrachtungen, bei denen das Technische im Vordergrunde stand, der Siegeszug der Rohölfeuerung eingeleitet, technisch einwandfreie Konstruktionen ermöglichten einen glatten, schönen, sauberen Betrieb, aber kaufmännische Momente, die in der Preiskonjunktur ihren Ursprung hatten, haben die Feuerung lange, bevor die Investitionen amortisiert sein konnten, wieder verschwinden lassen.

Diese Abschweifung von der Besprechung der Kombinationsmöglichkeiten zum Zwecke der Vereinigung der Kraft- und Wärmewirtschaft verschiedener Industriezweige sollte nur darstellen, mit welcher Schwierigkeit neuartige organisatorische Maßnahmen, die große technische Einsicht voraussetzen, im allgemeinen durchdringen und wie schon bei der verhältnismäßig einfachen Frage nach dem ökonomischesten Brennmaterial kaufmännische und technische Momente nebeneinander zu berücksichtigen sind. Noch komplizierter gestalten sich natürlich die Fragen, um die es sich bei den hier besprochenen Maßnahmen ökonomischer Dampfverwendung handelt, weil sie einen wesentlich größeren Kreis verschiedenartigster Interessen berühren.

Zu den Betrieben, für welche die Kohlenkosten von wesentlicher Bedeutung sind und bei denen eine Kombination ihrer Kraft- und Wärmewirtschaft große Ersparnisse erzielen lassen, gehören Dampfkraft-Elektrizitätswerke einerseits und Heizungsanlagen anderseits. Erstere brauchen nur Kraft, letztere nur Wärme. Den Heizungsanlagen sind Badeanstalten, die ebenfalls fast ausschließlich Wärme brauchen, gleichzuhalten. Elektrizitätswerke gehören in die erste Hauptgruppe der Tabelle 5 (Pos. 9), Bäder und Heizungsanlagen mit überaus großer Kennziffer in die dritte Hauptgruppe (Pos. 30 und 31).

Kombinationen derartiger Anlagen haben schon teilweise ihre Verwirklichung erfahren, weil sie in der Entwicklung der

Abwärmeverwertung die zunächst liegenden waren; immerhin sind die Ausführungen noch sehr gering an Zahl. Die Anlagen selbst dienen nicht direkt industriellen, sondern mehr gemeinnützigen Zwecken, sind meist von Gemeinden gebaut und werden von ihnen erhalten und betrieben. So besitzen Stuttgart und München je ein älteres Elektrizitätswerk, wo die Abwärme der Dampfmaschinen zum Betriebe großer Volksbadehäuser benützt wird. Die gesamten Kohlenkosten sind nicht wesentlich höher, als sie das Bad allein ohne Kombination mit dem Elektrizitätswerk aufweisen würde.

Richtunggebend in dieser Hinsicht ist das Elektrizitätswerk in München, welches mit dem neuen großen Krankenhause Schwabing kombiniert ist, indem die Abwärme des Elektrizitätswerkes zur Deckung des Wärmebedarfes des Krankenhauses verwendet wird. Zunächst war geplant, das Krankenhaus, welches aus 25 größeren Gebäuden besteht und dessen Areal mehr als 18000 qm umfaßt, mittels einer eigenen Heizstation im Komplex der Krankenhausgebäude mit Wärme zu versorgen. Die Deckung des Strombedarfes des Krankenhauses sollte von einer elektrischen Unterstation, die in der Nähe zu errichten gewesen wäre und auch andere Stromabnehmer in der Gegend mit Strom versorgt hätte, erfolgen. Auf Grund eingehender Studien der Direktion der Münchner Elektrizitätswerke und der städtischen Bauabteilung für Heizung und Lüftung erwies sich aber eine Kombination der Wärmebeschaffung für das Krankenhaus mit der Erzeugung von Elektrizität als das Zweckmäßigste; es wurde daher, wie es im Verwaltungsberichte der Münchner Städtischen Elektrizitätswerke heißt, beschlossen, „eine Dampfmaschinenanlage auszuführen, die gestattet, den Dampf vor der Verwendung zu Heizzwecken mechanisch zur Erzeugung von Elektrizität für das Krankenhaus selbst und zur Abgabe in das Leitungsnetz der Elektrizitätswerke auszunützen". Wie aus dem Situationsplane des Krankenhauses, Fig. 9, ersichtlich, ist in unmittelbarer Nähe des Krankenhauses — weit genug, um störende Geräusche zu vermeiden — das Elektrizitätswerk aufgeführt worden. Es besteht im wesentlichen aus Maschinenhaus und Kesselhaus, welche beide entsprechend erweiterungsfähig angelegt und durchweg mit modernen Einrichtungen (Wasserrohrkesseln, Economiser, Überhitzer, Kohlenkipper, Konveyer, automatische Wage usw.) versehen sind. Der in den Kesseln erzeugte Dampf von 14 Atm. und 300° C strömt in eine

Vereinigung von Heizungs-Anlagen mit Elektrizitätswerken. 81

der beiden Tandem-Dampfmaschinen von je zirka 1000 PS-Leistung. Nachdem er im Hochdruckzylinder Arbeit geleistet hat, wird ein Teil des Dampfes mit etwa 4 Atm. entnommen, während der Rest nach Arbeitsleistung in beiden Zylindern mit einem Drucke von etwa 0,5 Atm. abs. (50 % Vakuum) die Maschine verläßt. Der Dampf von 4 Atm. wird für die Dampfheizung eines älteren Teiles des Krankenhauses verwendet. Der weitaus größere, neuerbaute Teil des Krankenhauses ist mit Warmwasserheizung ver-

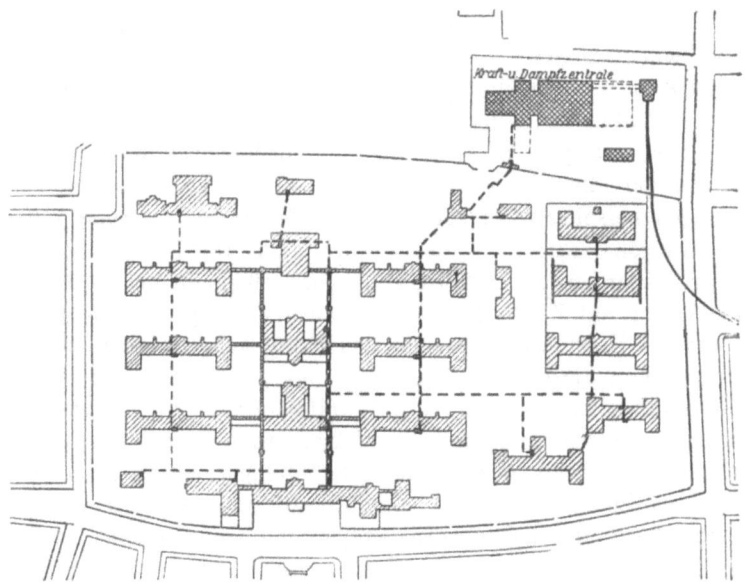

Fig 9.

sehen und das hierzu notwendige Warmwasser wird mit Hilfe des Vakuumdampfes in Oberflächenkondensatoren erzeugt. Außerdem dient der Vakuumdampf noch zur Erzeugung von Warmwasser für die verschiedenen Zwecke des Krankenhauses, wie Bäder, Wirtschaftszwecke u. dgl. Dieses Warmwasser wird in eigenen Brauchwasservorwärmern aus dem Vakuumabdampf erzeugt. Mit den Dampfmaschinen sind zwei Drehstromgeneratoren für 5000 Volt direkt gekuppelt. Der Drehstrom hoher Spannung wird einesteils in das Hochspannungsnetz geleitet, andernteils in Gleichstrom niedriger Spannung umgeformt. Der Gleichstrom wird zum Teil in

Gerbel, Kraft- und Wärmewirtschaft. 2. Aufl.

das Niederspannungsnetz der Stadt München, zum Teil den Verbrauchsstellen des Krankenhauses zugeführt.

Die Versorgung der Stadt München mit elektrischer Energie erfolgt vorzugsweise durch mehrere Wasserkraftanlagen und es wird, wenn es die Wasserverhältnisse gestatten, auch das Krankenhaus mit Strom aus den Wasserkraftanlagen versorgt. Während dieser Zeit muß die Deckung des Wärmebedarfes für das Krankenhaus durch direkten, vorher zur Krafterzeugung nicht ausgenützten Dampf erfolgen. Nur zu Zeiten geringen Wasserstandes, vornehmlich im Winter, wird in dem Dampfkraft- und Heizungswerke des Krankenhauses Schwabing auch Kraft erzeugt. Unter diesen Umständen ist die Ausnützung dieser Heizungszentrale als Kraftwerk eine verhältnismäßig geringe. Nichtsdestoweniger sind die Kosten des hier erzeugten Stromes überaus nieder. Die Kohlenkosten, welche der Elektrizitätserzeugung in Rechnung zu setzen sind, betrugen beispielsweise bei einem Kohlenpreise von rund 150 M. pro Waggon weniger als 0,65 Pf. pro kWh. Die Investitionen der Zentrale wurden in der Weise aufgeteilt, daß ein Drittel der Investitionskosten auf Konto der Elektrizitätserzeugung, zwei Drittel auf Konto der Heizungszentrale für das Krankenhaus gesetzt wurden. Obwohl nun diese Zentrale, da sie nur den Mehrbedarf bei ungenügender Leistung der Wasserkraftzentralen zu decken hat, mit sehr schlechtem Ausnützungsfaktor arbeitet, sind die Gesamtkosten der Stromerzeugung wesentlich billiger, als in einem dem gleichen Zwecke dienenden Dampfkraftwerke, welches mit den besten Maschinen und modernsten Einrichtungen versehen wäre, in welchem sich aber kein Verwendungszweck für Abwärme vorfindet.

Ähnlich wie im Krankenhause Schwabing in München wird auch das neue Rudolf Virchow-Krankenhaus in Berlin, welches ebenfalls nach dem Pavillonsystem gebaut ist, mittels einer Pumpenfernwasserheizung betrieben, wobei die Wassererwärmung durch Abdampf von Kraftmaschinen erfolgt[1]). Auch in Charlottenburg befindet sich ein ähnliches Fernheizwerk. Die in diesen Anlagen erzielten Erfolge haben den Beschluß der Berliner Stadtverwaltung gezeitigt, städtische Anstalten mit großem Wärmebedarf nur mehr an bestehende Betriebe anzugliedern.

Eine Anlage, die in technischer, kommerzieller und organi-

---

[1]) S. Dr. L. Dietz, Ergebnisse und Fortschritte des Krankenhauswesens. Gesundheits-Ingenieur, 1912, S. 637 und 1913, S. 61.

satorischer Hinsicht von besonderem Interesse ist und weite Ausblicke in die zukünftige Entwicklung eines auf Abfallwärmeverwertung hinzielenden Zweiges der Wärmetechnik gestattet, ist in Dresden vorhanden. Dort wird Abwärme eines Elektrizitätswerkes zur Beheizung eines ganzen Stadtteiles verwendet. Die Anlage stellt eine Kombination eines Elektrizitätswerkes mit einem Fernheizwerke dar und verwirklicht zum erstenmal in Deutschland den Gedanken eines Städteheizwerkes auf Unternehmergrundlage. Oberingenieur S c h u l z e berichtet in den Mitteilungen der Vereinigung der Elektrizitätswerke vom Jahre 1914 über die Entstehungsgeschichte, die Ausführung und den Betrieb dieser Anlage, die an das staatliche, zum Zwecke der Stromversorgung einiger Staatsgebäude dort vorhandene Lichtwerk angeschlossen wurde. Der Abdampf der drei Dampfdynamos von 500 und 300 PS wird zur Wassererwärmung für die Fernheizung verwendet. Nach dem mit dem Ärar geschlossenen Vertrage kauft die Unternehmerin die im Vakuumabdampf enthaltene Wärme; sie bezahlte für 100 000 WE seinerzeit 34—50 Pf. Die Unternehmerin liefert dann den an ihr Fernheiznetz angeschlossenen Parteien die Wärme zur Beheizung der Räume und läßt sich nach einem Pauschaltarif dafür bezahlen. Die Bezahlung betrug pro cbm Raum 56 Pf. pro Jahr bei Heizung auf 20^0 C und 50 Pf. bei Heizung auf 15^0 C. Die ganzen Installationen sind von der Unternehmerin hergestellt worden und gehen nach Ablauf des 15 jährigen Konzessionsvertrages in den Besitz der Wärmebezieher über.

Hier treten deutlich die großen Vorteile der Kombination von Krafterzeugungsanlagen mit Wärmeverbrauchszentren zutage: In der Kraftzentrale verbilligen sich die Kraftkosten durch Verkauf der Abwärme, während die an das Fernheizwerk angeschlossenen Abnehmer eine billige Heizung haben und nach 15 Jahren die ganze Installation kostenlos erhalten; zwischen beiden steht die Unternehmerin, die als erste ihrer Art mit Wärme Handel treibt, sie als Abfallenergie billig ankauft, in brauchbare Form verwandelt und mittels ihres Leitungsnetzes den Abnehmern liefert.

Oberingenieur S c h u l z e schließt auf den voraussichtlichen Entwicklungsgang derartiger Wärmewerke aus dem Entwicklungsgange von Wasserwerken, Gaswerken und Elektrizitätswerken: „Diese wurden zu Anfang auch als Privatunternehmungen gebaut, irgendeine Gesellschaft, zuerst wohl eine englische, ließ sich auf eine Reihe von Jahren die Konzessionen geben und setzte nun das Gas, den Strom oder was es sonst war, ab, bewirkte die Propaganda für die neue Sache, erweckte vielfach erst das Bedürfnis durch billige Preise usw., bis die Lieferungen endlich zu einem unentbehrlichen Bedürfnis wurden, so daß mit dem Betriebe des Werkes gar kein Risiko mehr verbunden war. Dann wurden die Werke von den Gemeinden aufgekauft, monopolisiert und zum Nutzen des Stadtsäckels weiter betrieben. Ebenso wie diese alten Anlagen größeren Umfang angenommen haben, wird das auch bei Heizwerken der Fall werden und wir werden, das hoffe ich, in der allmählichen Entwicklung der großstädtischen Verhältnisse in nicht zu langer Zeit öffentliche Heizwerke haben, an welche man sich bei Bedarf anschließen läßt, und welche die Wärme in unbegrenzten Mengen liefern. Ebenso wie jetzt vierteljährlich die Gas- und Elektrizitätsrechnung erscheint, erscheint in Zukunft die Heizrechnung."

Eine Stadt mit 2000000 Einwohnern, wie beispielsweise Wien, hat zirka 800000 Wohnräume, deren Beheizung an einem durchschnittlichen Wintertage eine Wärmemenge, die etwa 18000000 kg Dampf äquivalent ist, erfordert. Das Elektrizitätswerk einer solchen Stadt leistet etwa 800000 kWh pro Tag, wobei eine Wärmemenge, die etwa 5000000 kg Dampf entspricht, als Abwärme vorhanden ist. Es wäre demnach durch Verwertung der Abwärme ein Viertel des ganzen Wärmebedarfes der Stadt zu decken, wodurch eine Ersparnis von 60—80 Waggons Hausbrandkohle pro Tag erzielt würde.

Zur praktischen Durchführbarkeit derartiger Ideen sind zwei besondere Forderungen zu erfüllen und das Maß ihrer Erfüllbarkeit begrenzt die lokale Ausdehnung, die derartige Anlagen annehmen können.

Die eine dieser Forderungen ist die Akkumulierbarkeit der Wärme. Der Strombedarf ist in den Abendstunden am größten, der Wärmebedarf für Beheizungszwecke hat dahingegen in den Morgenstunden sein Maximum. Die Abwärme muß infolgedessen vom Abend für den nächsten Morgen aufgespeichert werden können. Auch während der übrigen Tagesstunden laufen die Schwankungen des Strombedarfes bzw. der Abwärmemengen mit denen des Wärmebedarfes nicht parallel. In dem Fernheizwerke Dresden erfolgt die Akkumulierung der Wärme durch große Warmwasserbehälter, deren Inhalt am Abend durch den Abdampf erwärmt wird. Da die Wärmeverluste bis zum Morgen in diesen gut isolierten Wärmespeichern gering sind, steht am Morgen die ganze, abends dort aufgestapelte Wärme zur Verfügung. Die Wassermengen, die hier in Frage kommen, und die Behälter zur Aufnahme des Warmwassers nehmen große Dimensionen an, und setzen der Größe derartiger Anlagen schließlich eine Grenze.

Eine interessante Methode der Energieaufspeicherung ist in der letzten Zeit in einer schweizerischen Anlage verwirklicht worden. Das Sanatorium Heiligenschwendi wird mit Wärme beheizt, welche aus der Abfallenergie des bernischen Kraftwerkes gewonnen wird. Die Heizungsanlage verwertet den verfüglichen Nachtstrom des Elektrizitätswerkes in der Weise, daß eine große Steinmasse, die nach außen gut isoliert ist, über Nacht auf 350° elektrisch erhitzt wird. In der Steinmasse befindet sich ein Röhrensystem, in welchem eine besondere, angeblich patentierte Flüssigkeit, deren Siedepunkt bei 300° liegt, zirkuliert[1]). Hierdurch wird die bei Nacht zugeführte Wärme bei Tag dem Steinmassiv entzogen und zur Entzeugung warmen Wassers für Küche, Wäscherei, Bäder usw. verwendet. Die Anlage ist zwar nur klein, sie soll für einen Stromverbrauch von 60 Kilowatt eingerichtet sein und eine Wärmekapazität von 500000 Kal. besitzen; sie bewährt sich aber, soweit bekannt, gut und könnte wohl auch in größeren Dimensionen ausgeführt werden.

Die zweite Forderung ist die Möglichkeit der Fortleitung von Wärme über große Distanzen ohne namhafte Wärmeverluste.

Die rastlose Entwicklung der Isoliermitteltechnik hat die Grenzen der Wärmefortleitung in den letzten Jahrzehnten wesentlich erweitert, nichtsdestoweniger werden weitere Studien auf diesem Gebiete, welches eben durch die Entwicklung der Fernheizanlagen und durch die fortschreitende Zentralisierung der Dampfbetriebe eine immer größere Bedeutung gewinnt, noch weitere Fortschritte zeitigen. Insbesondere wird neben der Qualität der Isoliermittel auch die Stärke, in welcher sie verwendet werden, eine besondere Aufmerksamkeit erfahren müssen, denn Untersuchungen, die in der Dampf- und wärmetechnischen Versuchsanstalt der Dampfkesseluntersuchungs- und Versicherungs-Gesellschaft a. G. in Wien

---
[1]) Dampf, Schweizer Fachblatt für Dampf- und Elektrizitätsbetrieb, XXIX. Jahrg., Nr. 37.

VII. Kapitel.

angestellt wurden, haben zwar für gute Isoliermaterialien in den üblichen Stärken von etwa 40 mm nur mehr Verluste von 150 bis 160 Kal. pro qm Oberfläche ergeben[1]); daran geknüpfte Berechnungen haben aber gezeigt, daß die Ökonomie bei Berücksichtigung der Isolierungskosten meist erst bei größeren Stärken der Isolierschichte am günstigsten ist. Von besonderer Wichtigkeit für die praktische Grenze, die der Entfernung der Wärmefortleitung gesetzt ist, ist die Geschwindigkeit, mit der sich das wärmeführende Medium durch die Rohrleitung bewegt. Die durch besondere Pumpen hervorgebrachte intensive Zirkulation des Warmwassers in den Leitungen (die sogenannte Pumpenheizung) ist eine der Grundbedingungen für die möglichst große lokale Ausdehnung von Fernheiznetzen. Die größte Entfernung, auf welche Abwärme in dieser Weise heute noch vollkommen rentabel zu leiten ist, kann mit 2,5—3 km angegeben werden[2]).

Dies weist aber auf einen neuen Weg für die Entwicklung der Elektrizitätswerke. Die Dampfkraft-Elektrizitätswerke nehmen immer größere Dimensionen an, denn durch die Zentralisierung werden große wirtschaftliche Vorteile, Verbilligung und Vereinfachung erzielt. Demgegenüber erheischt die volkswirtschaftliche Bedeutung der rationellen Abwärmeverwertung eine Dezentralisation der Werke, eine Zerteilung in kleinere Einheiten, deren Größe durch das Gebiet gegeben ist, welches mit der Abwärme versorgt werden kann. Daraus resultiert eine Unterteilung, bei welcher natürlich noch eine Menge anderer Momente für die Gliederung der Versorgungsgebiete in Frage kommen. Wenn nun auch nicht damit zu rechnen ist, daß bestehende Städtezentralen ohne weiteres unterteilt und mit ihren Teilen an verschiedene Stellen der betreffenden Städte umgestellt werden, so wird die Möglichkeit der Abfallwärmeverwertung zumindest bei Erweiterungsnotwendigkeiten in Hinkunft nicht unberücksichtigt bleiben dürfen. In deutschen Städten wird diesen Erkenntnissen bereits Rechnung getragen; auf Grund der guten Erfolge, die in München mit der

---

[1]) 8 Kalorien pro Grad Temperaturdifferenz, 47° Temperatur der Isolierung, 27° Temperatur der Luft. S. Zeitschrift der Dampfkessel-Untersuchungs- und Versicherungs-Gesellschaft, Nr. 12, Jahrgang 1912.

[2]) Im Jahre 1914 wurde in Portland, Ore, wo ein Teil der Stadt mit Abdampf des Elektrizitätswerks der Northwestern Electric Co. beheizt wird, eine Dampfleitung für zusätzlichen Heizdampf von 1,7 km Länge gebaut (s. Power Bd. 50 S. 736 und Z. d. V. d. J. Jhrg. 1920, Nr. 5).

Schwabinger Anlage erzielt wurden, wird beispielsweise beim Neubau des dortigen Technischen Museums eine Elektrizitätszentrale, deren Abwärme zur Beheizung des Museums dienen wird, als Erweiterung der Münchner Elektrizitätswerke gebaut.

Aber auch dort, wo in der Umgebung bestehender Elektrizitätswerke keine Gebäude stehen, zu deren Heizung die Abwärme Verwendung finden kann, wie es bei dem Bestreben, die großen Werke möglichst weit hinaus zu verlegen, leider meist der Fall ist, ist eine Verwendungsmöglichkeit für Abwärme vorhanden, indem Kulturanlagen aller Art durch Wärmezufuhr wesentlich verbessert werden können, wie durch Versuche der königlichen Gärtnerlehranstalt in Dahlem erwiesen ist. An der Technischen Hochschule in Dresden wurden Versuche über Heizung von Ackerboden durch Abwärme des dortigen Elektrizitätswerkes gemacht und den städtischen Elektrizitätswerken in Wien sind bereits konkrete Projekte für Schaffung von großen Glashäusern, die mit der Abwärme des Elektrizitätswerkes geheizt und zur Gemüsezucht verwendet werden sollen, vorgelegt worden. Die Stadt Wien hätte durch diese Glashäuser beispielsweise den ganzen Frühgemüsebedarf decken und sich vom italienischen Import, der mehrere Millionen jährlich betrug, unabhängig machen können. Leider stoßen derartige Projekte oft auf Widerstände, deren Hauptursache der Konservatismus und die Schwerfälligkeit übermäßig großer Organisationskörper sind.

Ein weiteres Beispiel großzügiger Abwärmeverwertung gibt das Kraftwerk Fortuna der Rheinischen Aktiengesellschaft Fortunagrube in Bergheim a. d. Erft. In der dort befindlichen Brikettfabrik werden große Mengen Fabrikationsdampf niederer Spannung benötigt. In 18 großen Dampfkesseln wird aber Dampf hoher Spannung erzeugt, und zum Betriebe von Dampfturbinen, deren fünf Stück von zirka 32 000 Kilowatt Leistungsfähigkeit vorhanden sind, verwendet. Ein Teil des erzeugten Drehstromes wird, auf eine Spannung von 25 000 Volt transformiert, zum Teil den in der Nähe befindlichen Elektrowerken und der Stadt Köln geliefert, der andere Teil wird im Kreise Bergheim und zum Betriebe der Gruben verbraucht. Die Gestehungskosten sind entsprechend niedrig.

Das neue Dianabad in Wien, das größte auf dem Kontinent, ist ebenfalls für Erzeugung hochgespannten Dampfes und für den Betrieb einer 800 PS-Abdampfturbine eingerichtet, damit der Dampf vorerst zur Krafterzeugung und erst dann mit niederer Spannung für die Wassererwärmung und die sonstigen Zwecke des Bades verwendet werde. Nach Deckung des eigenen Kraftbedarfes verbleibt noch eine große Menge übriger elektrischer Energie, die zur Angliederung einer Industrie verwendet werden sollte. Die Abfallkraft würde genügen, um beispielsweise eine größere Eisfabrik, Werkstätten, eine Kraftvermietungsanstalt oder dergl. zu betreiben.

Wenn derartige Anlagen auch Gewinn abwerfen und auf Unternehmergrundlage aufgebaut sind, haben sie doch nicht rein industriellen Charakter; zumindest dient, wie in den letztangeführten Beispielen, ein Teil der kombinierten Anlagen gemeinnützigen Zwecken.

Die Durchführung der solchen Kombinationen zugrunde liegenden Idee auf rein industriellem Gebiet ist in einer Anlage in Ungarn geplant. Auf einem verhältnismäßig kleinen Areal befinden sich eine Hefefabrik, eine Spiritusfabrik und eine Mühle. Die Hefefabrik und die Spiritusfabrik gehören in jene Gruppe von Industrien, welche viel Fabrikationsdampf benötigen, während die Mühle bloß Kraft und keinen Dampf braucht. Durch Vereinigung der Kraft- und Wärmeerzeugung für diese drei Betriebe in einer Zentrale kann ein großer Teil des Kraftbedarfes der Mühle aus dem Fabrikationsdampf der Spiritus- und Hefefabrik fast kostenlos gedeckt werden, so daß insgesamt eine wesentliche Brennmaterialersparnis auftritt. Die Anlage wäre als erste ihrer Art wahrscheinlich schon fertiggestellt worden, wenn nicht die kriegerischen Verhältnisse die diesbezüglichen Arbeiten aufgeschoben hätten.

Es ist nun interessant, zu verfolgen, welche Mengen Abfallkraft in den verschiedenen Industrien, die große Mengen Fabrikationsdampf brauchen, verfüglich sind.

Zu diesem Zwecke findet sich in der Tabelle 6 die bei der Jahreserzeugung der letzten Jahre vor dem Kriege resultierende Abfallkraft für einige Industriezweige angegeben. In der ersten Kolonne ist der Fabrikationsdampfbedarf pro Produktionseinheit, in der zweiten Kolonne die aus dieser Dampfmenge zu erzeugende Abfallkraft angeführt, in der dritten Kolonne findet sich der Eigenbedarf an Kraft. Wird von der gesamten, aus dem Fabrikationsdampf zu erzeugenden Kraftmenge der Eigenbedarf abgezogen, so erhält man die verfügliche Abfallkraft, die in dem Eigenbetriebe keine Verwendung mehr findet; sie ist in der vierten Kolonne verzeichnet. In der nächsten Kolonne ist die beiläufige Jahreserzeugung des betreffenden Industrieproduktes im ehemaligen Österreich angegeben. Hieraus berechnet sich dann die gesamte verfügliche Abfallkraftmenge dieses Industriezweiges, wie sie die letzte Kolonne beziffert. Es verfügte sonach beispielsweise die österreichische Leimfabrikation über 36 Millionen PS-Stunden pro Jahr als Abfallkraft; die Spiritusindustrie hätte 128 Millionen PS-Stunden, die Zuckerindustrie sogar 450 Millionen PS-Stunden

Tabelle 6.

Industriezweig	Fabrikationsdampfbedarf pro kg (l) kg	Entsprechende Kraftmenge PS-St.	Eigenbedarf an Kraft pro kg (l) PS-St.	Verfügliche Abfallkraft pro kg (l) PS-St.	Jahresproduktion Österreichs	Verfügliche Abfallkraft des Industriezweiges PS-St.
Leim . . .	30,0	3,8	0,8	3,0	120 000 q	36 000 000
Alkohol . .	8,0	1,0	0,2	0,8	1 600 000 hl	128 000 000
Kunstseide .	130,0	12,0	7,0	5,0	15 000 q	7 500 000
Zucker . . .	5,5	0,5	0,2	0,3	15 000 000 q	450 000 000
Preßhefe . .	18,0	2,3	0,8	1,5	250 000 q	37 500 000

pro Jahr abgeben können. Der größte Teil dieser Fabriksanlagen liegt heute im tschecho-slowakischen Staate. Für die dort fehlenden Wasserkräfte wäre sohin hier ein teilweiser Ersatz zu finden.

Natürlich sind mit den Industriezweigen, die hier angeführt sind, nicht alle in diese Gruppe gehörigen Industriezweige erschöpft. Die großen Industrien der Druckerei, Färberei, Wäscherei, ferner die großen Mengen chemischer Industrien, die Seifenfabrikation sowie alle anderen Gebiete der Fettindustrie brauchen große Mengen von Fabrikationsdampf und verhältnismäßig wenig Kraft für den Eigenbetrieb, sie könnten noch weit größere Mengen Abfallkraft, als hier angeführt, zu billigsten Preisen zur Verfügung stellen. Leider sind die Unterlagen für ähnliche Berechnungen in diesen Industriezweigen so mangelhaft und schwer erhältlich, daß darauf verzichtet werden mußte, sie in diese Studie mit einzubeziehen. Es genügen aber schon die wenigen angeführten Industriezweige, um zu zeigen, welche ungeheure Entwicklungsmöglichkeit die Abfallenergieverwertung, speziell im Dampfbetriebe, noch besitzt.

Allerdings darf die Schwierigkeit nicht vergessen werden, die bei der Vereinigung zweier heterogener Anlagen, deren eine Kraft benötigt, deren andere Abfallkraft verfüglich hat, auftreten: es muß nicht nur die eine soviel Kraft liefern können, als die andere braucht, es muß insbesondere auch berücksichtigt werden, daß die Verbrauchsmenge sowohl wie die Liefermenge den im Betriebe unvermeidlichen Schwankungen ausgesetzt ist. Es ist also für zuträgliches Zusammenarbeiten notwendig, daß die kraftverbrauchende Industrie sich der kraftliefernden anpasse, genau so, wie es bei Ausnützung der Überschußkräfte von Wasserwerken besprochen wurde. Ist dies nicht möglich und fallen die Schwankungen zeitlich nicht zusammen, so werden besondere Einrichtungen notwendig, die die Rentabilität der Kombination zweier Anlagen in Frage stellen können.

Infolgedessen liegt es nahe, Abfallkraft derartiger Anlagen in ein gemeinsames Netz speisen zu lassen, aus welchem kraftverbrauchende Betriebe ihren Strombedarf decken. So kann beispielsweise eine bestehende Kraftzentrale eine wesentliche Unterstützung und Verbilligung der Gestehungskosten dadurch erzielen, daß sie alle im Bereiche ihres Netzes liegenden Industriebetriebe, welche Abfallkraft verfüglich haben, elektrischen Strom in ihr Netz speisen läßt. Hier spielen dann sowohl die Größe der einzelnen Abfallkraftlieferanten als auch die Schwankungen, die in der Liefermenge bei jeden einzelnen auftreten, keine große Rolle mehr; im Gegenteil, wenn viele Betriebe verschiedener Industriezweige, die alle Fabrikationsdampf brauchen, ihre Abfallkraft in ein gemeinsames Netz speisen, so wird die Summe der in dieses Netz gespeisten Energiemenge naturgemäß nicht so große Schwankungen aufweisen, wie die Abfallkraftmenge jedes einzelnen Betriebes. Je größer die Zahl der Betriebe ist, die in ein gemeinsames Netz speisen, desto gleichmäßiger wird die Abfallkraftmenge sein, die dem Netze entnommen werden kann. Wenn die aus industriellen Betrieben herrührende Abfallkraft wieder an andere industrielle Betriebe abgegeben wird, wird auch zur Mittags- und Nachtzeit keine störende Ungleichmäßigkeit auftreten. Wenn es gelungen ist, solche kombinierte Systeme, die aus wenigen verschiedenen industriellen Anlagen bestehen, zu gegenseitiger Verwertung ihrer Abfallenergie verschiedensten Ursprunges (siehe das vorn angeführte Beispiel der rheinischen Elektrizitätswerke) zu vereinigen, und allen Schwankungen, die in jedem dieser Betriebe auftreten,

Rechnung zu tragen, so muß es wesentlich leichter sein, den richtigen Weg für den Ausgleich zu finden, wenn nur die Zahl der Abfallkraft erzeugenden und Abfallkraft verwendenden Betriebe, die an das Netz angeschlossen sind, genügend groß ist.

Für die Wiener Verhältnisse berechnet sich beispielsweise die aus der Spiritus- und Preßhefefabrikation zu beschaffende Abfallenergie zu zirka 11 000 000 PS-Stunden pro Jahr, wobei zugrunde gelegt ist, daß die Wiener Spiritus- und Preßhefefabriken 50 000 hl Spiritus und 50 000 Meterzentner Preßhefe erzeugen, was beiläufig den Verhältnissen der letzten Friedensjahre entspricht.

Leider haben sich die großen Elektrizitätswerke, die berufen wären, in dieser Hinsicht initiativ vorzugehen, jahrelang derartigen Vorschlägen gegenüber ablehnend verhalten, was um so mehr Wunder nehmen muß, als ja Wärmeökonomie Lebensbedingung dieser Werke ist. Auch die Lösung des elektrotechnischen Teilproblems, die notwendigen Einrichtungen zu treffen, damit das Speisen in das gemeinsame Netz ohne Gefahr für das Werk und das Netz vor sich geht, bietet keine unüberwindlichen Schwierigkeiten; die ablehnende Haltung konnte durch sachliche und technische Erwägungen nicht gerechtfertigt werden.

In der letzten Zeit scheint hier eine Wandlung zum Besseren platzgreifen zu wollen. Man hört vielfach von der Absicht größerer Elektrizitätszentralen, in ihren Netzen Abfallenergie zu sammeln, und es sind schon auch derartige Projekte nicht nur im Prinzip genehmigt, sondern auch in mehr oder weniger großzügiger Weise in Angriff genommen. Das städtische Elektrizitätswerk der Gemeinde Wien wird eine Reihe kleiner Wasserkräfte, welche Privatfirmen, meist industriellen Betrieben, gehören und derzeit wegen Beschäftigungsmangel in den betreffenden Industrien unbenützt sind, dazu verwenden, um die elektrische Energie in das städtische Netz speisen zu lassen. Zunächst werden die Wasserkraftanlagen einer Pulverfabrik und einer Spinnerei, allerdings nur je 300 PS, zum Anschlusse gelangen, dann werden andere unbenützte Wasserkraftanlagen im Bereiche des Fernleitungsnetzes der Gemeinde Wien in gleicher Weise verwendet werden, schließlich sollen auch mehrere Gefällstufen von einigen tausend Pferden am Kehrbach von den in der Nähe befindlichen Gemeinden Wiener Neustadt und Neunkirchen zu Elektrizitätswerken ausgebaut werden, wobei die Überschußkraft ebenfalls in das Wiener Netz gespeist und umgekehrt auch Strom aus dem Netze im Bedarfsfalle diesen Gemeinden abgegeben werden soll. Das Programm dieser Erweiterungen und gegenseitigen Ergänzungen soll dann unter Einbeziehung vorhandener kalorischer Anlagen, welche hierzu geeignet sind, weiter ausgestaltet werden[1]). So wird das Leitungsnetz der Gemeinde Wien, das bisher ein einfaches Verteilungsnetz war, gleichzeitig ein Sammelnetz für elektrische Energie werden.

Übrigens sind auch von anderem Standpunkte aus ähnliche Anregungen zur Sammlung und Weiterverteilung überschüssiger Kraftmengen gegeben worden. Bei Besprechung der verschiedenen Vorschläge eines Reichskraftgesetzes wird ein durch derartige Einrichtungen zu bewerkstelligender Ausgleich der Kräfte bzw. eine Verwertung des Überschusses einzelner Anlagen zur Deckung des Kraftmangels anderer Anlagen erwähnt[2]).

Allerdings bezieht sich all dies vorerst auf Überschußkräfte von Kraftzentralen und nicht auf Abfallkraft von wärmeverbrauchenden Industrien im Sinne der vorstehenden Ausführungen und es ist dies nur als ein erster Schritt zu betrachten, dem hoffentlich die weiteren Schritte folgen werden. Jedenfalls ist die Verwertung der Abfallkraft wärmebrauchender Industrien ebensowenig eine Unmöglichkeit, wie das bereits in dieser Richtung in etwas anderer Weise durchgeführte Sammeln elektrischer Energie in Fernleitungsnetzen. Es muß nur auch weiterhin in diesen Fragen der gute Wille der maßgebenden Faktoren mittun. Dem Ingenieur mögen die Wege zur Verbesserung der Energiewirtschaft durch die hier angeführten neuen technisch-wirtschaftlichen Einrichtungen vielleicht einstweilen noch steil und mühsam erscheinen; er wird sie aber richtig zu nehmen wissen. Es ist gewiß ein Fehler, wenn der Ingenieur über der Schönheit der Probleme die Schwierigkeiten übersieht, die sich der Durchführung in den Weg legen; es wäre aber ebenso fehlerhaft, wenn er sich durch Schwierigkeiten abhalten ließe, an einem für die Allgemeinheit und für die Volkswirtschaft wichtigen Werke mit allen Mitteln zu arbeiten. Die größten Erfolge hat die Technik dort erzielt, wo die größten Schwierigkeiten zu überwinden waren.

---

[1]) S. Zeitschrift des Österr. Ingenieur- und Architekten-Vereins, Jahrgang 1919, Heft 39, S. 357.

[2]) S. u. a. Buchleiter, Der Weg zur rationellen Elektrizitätsversorgung und Wasserkraftverwertung in Österreich. Zeitschrift für Volkswirtschaft, Sozialpolitik und Verwaltung, 23. Band 1914, III. Heft.

VIII. Kapitel.

(Staatliche Einflußnahme auf die Kraft- und Wärmewirtschaft. — Ein staatliches Energiewirtschaftsamt. — Kraft und Wärmestatistik der Industrie. — Maßnahmen zur Verbesserung der Energiewirtschaft. — Schlußbemerkung.)

Die Kraft- und Wärmewirtschaft in der Industrie ist genau so wie alle anderen technischen Wirtschaftszweige in ständiger Entwicklung begriffen. Diese Entwicklung wird durch die Bedürfnisse der industriellen Produktion, denen die Fortschritte der Technik nachkommen müssen, wesentlich beeinflußt. So hat schon vor dem Kriege und insbesondere während des Krieges die ungeheure Bedeutung, welche der Kohle als Rohprodukt zur Erzeugung wichtiger Materialien (Ammoniak, Benzol, Toluol, Teerprodukte, Schwefel usw.) zukommt, die Aufmerksamkeit immer mehr auf die Destillation der Kohle gelenkt. Dies sowohl wie der Bedarf ungeheurer Kraftmengen zu billigen Preisen für industrielle Zwecke und für Zwecke der Landwirtschaft (Kalkstickstoff-, Salpeter-, Aluminiumproduktion u. a.) und schließlich der große Wärmebedarf für Fabrikationszwecke aller Art erheischten gebieterisch weitestgehende Sparsamkeit im Kohlenverbrauche. Dazu ist aber noch der Kohlenmangel mit allen seinen fürchterlichen Folgen gekommen. Niemals war man sich mit solcher Gewißheit wie jetzt der Tatsache bewußt, daß die Kohle eines der wichtigsten, vielleicht das wichtigste Material für die Wirtschaft des Volkes ist, daß sie um so wichtiger und unentbehrlicher wurde, je höher die erklommene Kulturstufe war, und daß kein anderer Mangel alle Schichten des Volkes so tief und so gleichmäßig trifft, wie der Kohlenmangel. Er nagt ebenso verderbend an der Wurzel der industriellen Produktion, die er bis in die letzten Zweige verdorren und verkümmern läßt, wie er den Einzelnen vernichtet, dem er das wichtigste Lebensbedürfnis, das Bedürfnis nach Wärme, unbefriedigt läßt.

Alles, was mit der Kohlenfrage zu tun hat, ist infolgedessen nicht mehr als Privatsache des Einzelnen zu betrachten; die Sparsamkeit mit der Kohle gehört zu den wichtigsten Problemen allgemeiner Natur; das bisherige Privatbestreben des Einzelnen wird zu einer volkswirtschaftlichen Notwendigkeit.

Es verstößt daher immer mehr gegen öffentliche Interessen, wenn der größte Teil der geförderten Kohle in rohem Zustande, ohne vorher der Destillation zwecks Gewinnung von Nebenprodukten unterzogen zu sein, verfeuert wird. Es ist ebenso ein Vergehen gegen die Allgemeinheit, wenn die hierbei freigewordene, zur Dampferzeugung verbrauchte Wärme mit sehr geringen Nutzeffekten (10—15 %) zur Krafterzeugung verwendet wird, statt daß sie durch Kombination der Krafterzeugung mit der Dampfverwendung zu Fabrikations-(Koch-, Heiz- und Trocken-)zwecken die hierbei erzielbare vollkommenste, fast 100 %ige Ausnützung erfährt. Da nun die Kraft- und Wärmewirtschaft im einzelnen wie im allgemeinen, in privaten, kommunalen und staatlichen Anlagen nicht auf jener Stufe steht, welche den heute berechtigten Forderungen der Volkswirtschaft entspricht, wird allenthalben der Wunsch nach staatlicher Einflußnahme auf die Energiewirtschaft laut.

Wenn nun auch tatsächlich nicht jene Zustände in der Industrie herrschen, welche mit Rücksicht auf die volkswirtschaftliche Bedeutung rationeller Energiewirtschaft wünschenswert wären, so ist es immerhin verfehlt, hieraus in allen Fällen auf Vernachlässigungen oder auf sonstiges bemängelnswertes Vorgehen der für diese Verhältnisse maßgebenden und verantwortlichen privaten oder behördlichen Faktoren zu schließen und hieraus die Notwendigkeit staatlicher Einflußnahme auf die Energiewirtschaft abzuleiten. Denn die Industrie hat sich im großen und ganzen die Errungenschaften der Technik auch auf dem Gebiete der Kraft- und Wärmewirtschaft zunutze gemacht; sie hatte aber einstweilen keine Veranlassung, hierin weiter zu gehen, als es ihr zum Vorteil gereicht, d. h. sie hat die Erfolge der Technik so weit verwertet, als Verbesserung oder Verbilligung der Produktion und sonstige Eigeninteressen hierbei in Frage kommen. So sind die Verkokung und Vergasung der Kohle, die Abdampfverwertung oder andere Einrichtungen zur verbesserten Ausnützung der Energieträger dort eingeführt, wo der ganze Komplex der hierbei in Betracht kommenden Momente für den betreffenden Betrieb selbst von Wichtigkeit ist. Diese Zustände haben sich auf natürliche Weise von selbst ergeben. Dahingegen hat die Auffassung über die Wichtigkeit der Kohlenökonomie eine Änderung erfahren und der Entwicklung der Kraft- und Wärmetechnik eine neue Bahn vorgeschrieben. Die moderne Kraft- und Wärmewirtschaft verlangt die restlose Verwendung aller Abfallstoffe und aller Abfallenergie jedes Industrieunternehmens womöglich auch dann, wenn innerhalb seiner eigenen Grenzen keine direkte Verwendungsmöglichkeit hierfür besteht; sie verlangt beispielsweise, daß dort, wo Kraft mittels Dampf erzeugt wird, die hierbei unvermeidlich auftretende Abwärme, wenn sie im Betriebe selbst nicht gebraucht wird, außerhalb dieses Betriebes zu anderen Zwecken ausgenützt werde. Sie führt demnach zu lokalen Vereinigungen verschiedener Industrien zwecks gemeinsamer, vollkommenster Ausnützung der Energieträger. Sie verlangt ferner die Vergasung der Kohle und die Verbrennung von Koks oder Gas statt der Rohkohle, wenn auch im Betriebe selbst keine Notwendigkeit besteht, von der Verfeuerung der Rohkohle abzugehen. Sie fordert in bestimmten Fällen den Anschluß an bestehende Überlandzentralen, um eventuell überschüssige Kraftmengen oder Abfallkraft im Sinne der vorstehenden Ausführungen in das Netz zu speisen u. dgl. m.

Diese Richtung in der Entwicklung der Energiewirtschaft beansprucht also von dem, der Energieträger verwendet oder Energievorräte verbraucht, die Ausdehnung seiner Aufmerksamkeit über den Rahmen seines eigenen Unternehmens hinaus. Das Gebiet der Betätigung des einzelnen zur ökonomischen Deckung seines Energiebedarfes greift sohin in das Gebiet anderer Interessenten über und es liegt ein harmonisches Zusammenarbeiten heterogener Elemente in diesem Sinne nicht nur in ihrem eigenen Interesse, sondern auch im Interesse der Allgemeinheit. Aus dieser auf Grund neuer Erkenntnisse neu eingeschlagenen Richtung der technischen Entwicklung — und nicht aus bemängelnswerten Vernachlässigungen der Industrie — wäre demnach die Notwendigkeit staatlicher Einflußnahme auf die Energiewirtschaft abzuleiten.

Über die Art einer derartigen staatlichen Einflußnahme sind bereits während des Krieges die verschiedensten Vorschläge gemacht worden.

VIII. Kapitel.

Die radikalsten Forderungen zielten auf die Errichtung eines staatlichen Kraftverwaltungsamtes zwecks einheitlicher Regelung der gesamten Energiewirtschaft hin. Auf diese Weise würde die Bewirtschaftung der Energien und Energiestoffe als einheitliches Verwaltungsgebiet zum Gegenstande staatlicher Fürsorge gemacht und es hätte die Tätigkeit eines solchen Amtes auf alle mit der Energiewirtschaft zusammenhängenden Fragen Einfluß zu nehmen. Das Elektrizitätswesen, das Wasserkraftwesen würden neben allen anderen mit der Kraft- und Wärmewirtschaft zusammenhängenden Problemen in diesem Amte bearbeitet werden müssen. Dieses Amt müßte sohin mit großen Befugnissen ausgestaltet sein und hätte einen weittragenden Einfluß auf die ganze industrielle Produktion.

Weniger Radikale verlangen lediglich einige behördliche Bestimmungen, welche der Wichtigkeit der Sparsamkeit mit Kohle Rechnung tragen sollen. Tatsächlich würden einige wenige behördliche Bestimmungen ausreichen, um die Kohlenwirtschaft auf die vom wärmetechnischen Standpunkte aus gut scheinenden Wege zu leiten. Man könnte sich beispielsweise eine behördliche Bestimmung denken, welche verbietet, daß Kohle zum Zwecke der Krafterzeugung verbrannt werde, wenn nicht für die Verwertung der hierbei auftretenden Abwärme Vorsorge getroffen ist. Technisch formuliert, könnte diese Bestimmung dahingehen, daß die Ausnützung der Kohle im allgemeinen und auch zur Krafterzeugung ein gewisses Mindestmaß — etwa 50 oder 60 % — nicht unterschreiten dürfe. Derartige Vorschriften über die Mindestausnützung von volkswirtschaftlich wichtigen Materialien sind durch die Notwendigkeiten des Krieges auf vielen Gebieten gang und gäbe geworden und man ist gewohnt, in ihnen heute weniger als je unzulässige Zwangsmaßregeln zu finden. Ebenso wäre eine Bestimmung denkbar, welche die Erzeugung nieder gespannten Dampfes für Fabrikationszwecke aus Kohle für unstatthaft erklärt und vorschreibt, daß immer nur Dampf hoher Spannung und hoher Temperatur aus Kohle erzeugt werden darf, so zwar, daß er vorerst zur Erzeugung von Kraft verwendet und erst nach der Krafterzeugung den Fabrikationszwecken zugeführt wird. Selbstredend müßten Ausnahmen und Erleichterungen vorgesehen sein, einerseits für den Fall, als in entsprechendem Umkreise um den Betrieb herum keine Verwendungsmöglichkeit für die Abwärme oder die

Abfallkraft vorhanden ist, anderseits für den Fall, als es sich um kleine Betriebe handelt, bei denen sich die Ausnützung der Abfallenergie wegen ihrer geringen Menge nicht verlohnt.

Zustände im Sinne derartiger behördlicher Bestimmungen wären zwar vom wärmetechnischen Standpunkte aus ideal: die Bestimmungen selbst würden dazu zwingen, daß dem Kohlenverbrauche jene Bedeutung zugemessen werde, welche er als Verringerung des Volksvermögens verdient, sie würden das Augenmerk auf die Vorteile lenken, welche eine zweckentsprechende Anwendung der wissenschaftlichen Forschung auf dem Gebiete des Feuerungswesens und der Wärmetechnik zur Folge hat. Anders verhält es sich aber mit der Durchführung derartiger Bestimmungen, welche doch immerhin einen schweren und tiefen Eingriff in die Rechte der Privatwirtschaft darstellen. Es wird keinesfalls auf willfährige Mithilfe der beteiligten Kreise gerechnet werden können; unter anderem dürfte mit Fug und Recht eingewendet werden, daß die Grundlagen für einen derartigen Eingriff auf einem Gebiete fehlen, auf welchem bisher, von den absonderlichen Verhältnissen während des Krieges abgesehen, keinerlei Einfluß durch die Behörde ausgeübt wurde, und daß sich die hierin mangelnde Friedenserfahrung schädlich fühlbar machen müsse. Insbesondere fehlt die statistische Basis bezüglich aller auf die Kraft- und Wärmewirtschaft Bezug habenden Fragen; und dies dürfte eine weitgehende und erfolgreiche staatliche Einflußnahme auf die Kraft- und Wärmewirtschaft in der Industrie derzeit undurchführbar erweisen. Eine schwere Sünde früherer Zeiten, der gänzliche Mangel einer ausführlichen Kraft- und Wärmestatistik der industriellen Produktion gebietet ein langsames und bedächtiges Vorwärtsschreiten auf vorerst zu sicherndem Grunde.

Die statistische Erfassung des ganzen für die Kraft- und Wärmewirtschaft wichtigen Materials ist sohin eine dringende Forderung der Zeit, deren Erfüllung jedweder radikalen Maßnahme, die hinsichtlich der Energiewirtschaft getroffen werden wollte, vorauszugehen hätte. Die Reorganisation der Energiewirtschaft müßte auf statistischer Basis erfolgen; allgemeine Erwägungen können keine wirksame Handhabe zur Durchführung tief eingreifender Bestimmungen bieten, sie können eben noch ausreichen, um Wege und Richtungen zu weisen; die Kraft, zielbewußt

VIII. Kapitel.

vorwärts zu schreiten, kann aber nur durch die präzise Grundlage der Ziffern erworben werden.

Wenn sohin ein tiefer Eingriff in die Energiewirtschaft unzeitgemäß und untunlich erscheint, gibt es doch gewisse weniger radikale Maßnahmen, hinsichtlich welcher der staatliche Einfluß sich schon jetzt geltend machen könnte, ohne daß sich die fehlenden Grundlagen unangenehm fühlbar machen würden.

Diese Einflußnahme bestünde zunächst in einer Förderung der Privatinitiative, welche die Industrie zum Zwecke der Verbesserung ihrer Energiewirtschaft entfaltet. Umbauten, Abänderungen, welche eine Hebung der Kohlenökonomie bezwecken, sollten tunlichst erleichtert, die Vereinigung verschiedener Betriebe zwecks gemeinsamer verbesserter Ausnützung der Kohle sollte von behördlicher Seite angeregt, Interessenten sollten auf bestehende Möglichkeiten, Abfallkraft oder Abfallwärme zu beziehen, aufmerksam gemacht werden, insbesondere aber sollten die unnötigen und ungerechtfertigten Schwierigkeiten, welche von öffentlichen, kommunalen Elektrizitätswerken dem Anschlusse von Abfallkraft liefernden Betrieben bereitet werden, mit aller Energie aus der Welt geschafft werden.

Gerade auf diesem letzteren Gebiete sind die größten Schwierigkeiten zu überwinden. Sie sind nicht technischer Natur und der Ingenieur kann sie nur bezeichnen, aber nicht aus dem Wege schaffen; ihre Beseitigung ist Sache des Verwaltungsfachmannes und des Juristen. Es muß die Möglichkeit geschaffen werden, im Interesse der Kohlenwirtschaft Neuerungen einführen und Abänderungen treffen zu können, auch wenn alte bestehende Rechte hierdurch betroffen und bestehende Verträge hierdurch verletzt werden.

In der Gründungsschrift eines neuen großen Bades einer deutschen Stadt wird einleitend bemerkt, daß es nach dem heutigen Stande der Wärmetechnik und nach den Erfahrungen der letzten Jahre nur eine Möglichkeit gibt, den Wärmebedarf eines Bades ökonomisch zu decken, nämlich die Kombination der Wärmeerzeugung mit der Kraft- bzw. Elektrizitätserzeugung. Es wird dann ausgeführt, daß auch dort diese Kombination technisch möglich war und diesbezügliche Projekte in ökonomischester Weise durchführbar gewesen wären. Nichtsdestoweniger wurde die Anlage nicht so gebaut, sondern als eigene Dampferzeugungsanlage für das Bad, ohne daß die Errungenschaften der Jetztzeit ausgenützt werden könnten. Der Grund hierfür war das Bestehen eines Vertrages mit dem dortigen Elektrizitätswerke, auf Grund dessen die Kombination des Bades mit einer Elektrizitäts-Erzeugungsanlage als unstatthaft ausgelegt werden konnte.

Dies schreit im Interesse der Allgemeinheit nach Einflußnahme des Staates in der Richtung, daß auch Vertragsrechte zum Zwecke rationeller Kohlenwirtschaft verletzt werden können; es sollte im Interesse der Allgemeinheit eine Art Expropriation derartiger Vertragsrechte stattfinden können. Dies müßte auf manche mit den Monopolrechten von städtischen Elektrizitätswerken zusammenhängende Bestimmungen ausgedehnt werden, welche ebenfalls zweckmäßiger Abfallenergieverwertung im Sinne der vorstehenden Ausführungen hindernd im Wege stehen. Wenn beispielsweise eine Spiritusfabrik und eine Maschinenfabrik, durch eine Straße getrennt, nebeneinander liegen und etwa bereit wären, ihren Kraft- und Wärmebedarf in der Weise gemeinsam zu decken, daß die Spiritusfabrik der Maschinenfabrik Abfallkraft abgibt, so wird dieses im Interesse der Kohlenökonomie gelegene und daher für die Allgemeinheit wichtige Projekt unmöglich, weil die Überführung einer elektrischen Leitung oder eines Kabels über die Straße vom Elektrizitätswerke dieser Stadt, welches das Monopol für Stromleitungen besitzt, nicht gestattet wird. **Die Unterbindung volkswirtschaftlich wichtiger Neuerungen durch Rechte älteren Datums, deren seinerzeitige Verleihung auf solchen volkswirtschaftlichen Rücksichten fußte, die heute hinter den neuen volkswirtschaftlichen Momenten weit zurückstehen, sollte durch staatliche Einflußnahme auf die Energiewirtschaft unmöglich gemacht werden.** Derartige Maßnahmen allein würden schon einen wesentlichen Schritt nach vorwärts bedeuten.

Besonders wichtig wäre es ferner, wenn bei Neubauten und Rekonstruktionen sachverständiger Rat hinsichtlich der Kraft- und Wärmebeschaffung in höherem Maße in Anspruch genommen würde, als es bisher der Fall ist. Heute werden die wärmetechnischen Probleme in den Fabriksbetrieben von den Betriebsleitern,

Fabriksingenieuren oder sonstigen technischen Beamten gelöst. Wenn diese nun auch auf ihrem Gebiete, das heißt auf dem speziellen Produktionsgebiete der betreffenden Fabrik als Fachleute bezeichnet werden müssen, so sind sie doch meist nicht Wärmetechniker von Fach, und es werden auf diese Weise Kraft- und Wärmezentralen für chemische Fabriken von Chemikern, für Brauereien von Bierbrauern, für Webereien von Textilfachleuten, für Brennereien von Gärungschemikern, für Papierfabriken von Papiermachern gebaut; günstigsten Falles finden bei derartigen Anlagen die Faustformeln allgemeiner Handbücher eine vernünftige Anwendung; die modernen Errungenschaften der Wärmetechnik können aber naturgemäß von diesen Fachleuten auf ihrem Gebiete nicht so ausgenützt werden wie vom Wärmetechniker, der jahraus, jahrein in seinem Gebiete tätig ist. Die Industrie wird sich des Schadens, den sie sich durch Versäumnis sachverständiger Beratung im richtigen Momente selbst zufügt, meist erst spät, oft gar nicht bewußt. Der Schaden kann auch meist nicht mehr oder nur mit sehr großen Opfern wieder gutgemacht werden.

Eine gewisse staatliche Einflußnahme zur Förderung der Bestrebungen, fachkundige Beratung heranzuziehen, ist in Österreich in der Schaffung der Ingenieurkammern zu erblicken. Auf diese Weise ist von der Behörde vorgesorgt, daß fachkundige Berater vorhanden sind, welche sich unter Verantwortung und auf die Gefahr hin, bei fachlich fehlerhafter Arbeit bestraft zu werden, der Lösung technischer Probleme unterziehen. Es könnte nun — und das wäre eine logische Folge — auch verlangt werden, daß Projekte über Kraft- und Wärmebeschaffung sowohl für Neubauten als auch für Rekonstruktionen von befugten Fachleuten auszuarbeiten und von ihnen zu fertigen sind. Dies würde einen weiteren Schritt in der Richtung der Rationalisierung der Energiewirtschaft bedeuten. Im Bauwesen besteht diese Forderung schon lange und es wird als selbstverständlich angesehen, daß ein Bausachverständiger der Behörde gegenüber für eine richtige und eine die Allgemeinheit nicht schädigende Lösung des Problems einsteht; auf dem Gebiete der Kraft- und Wärmetechnik, wo ebenfalls wichtige Interessen der Allgemeinheit durch Energievergeudung verletzt werden können, dürfte eine derartige Forderung um so weniger als unzulässig bezeichnet werden, als sich hier das öffentliche Interesse an rationeller Energiewirtschaft mit dem Sparsamkeitsbestreben des einzelnen meist vollkommen deckt. Es gibt sohin verschiedene einzelne Angriffspunkte für einen zweckentsprechenden und fördernden behördlichen Eingriff in die Energiewirtschaft, der den betroffenen Privatinteressenten keinen ihre Interessen verletzenden Zwang auferlegt, und es dürfte sich als die zweckmäßigste Lösung des Problems staatlicher Einflußnahme auf die Energiewirtschaft erweisen, wenn, wie hier angedeutet, schrittweise vorgegangen und eine einheitliche und großzügige Behandlung dieser Frage erst dann erfolgen würde, bis einerseits Erfahrungen über die Wirkung von weniger tief einschneidenden Maßnahmen und anderseits die notwendigen statistischen Unterlagen gesammelt sein werden. Die Formulierung der Maßnahmen und die Sammlung der Erfahrungen, ebenso wie die Beschaffung und Verarbeitung des statistischen Materials bieten reichlich Arbeit für die kommende Zeit; diese Arbeit darf unter den vielen Aufgaben der Friedensarbeit nicht vernachlässigt werden.

Von besonderer Wichtigkeit ist es aber, daß die Probleme der Energiewirtschaft ihren streng technisch-wirtschaftlichen und daher gänzlich unpolitischen Charakter bewahren. Insofern diese Probleme die Staatsverwaltung betreffen, sind sie vor dem Kriege und auch während des Krieges zur Ehre der Technik tatsächlich im großen und ganzen unpolitisch geblieben. Dies gilt aber leider nicht auch für jene Fälle, wo wichtige Fragen hinsichtlich der Energiewirtschaft von kleineren öffentlichen Korperationen, Landesverwaltungen und insbesondere von Gemeindeverwaltungen zu lösen sind. Man kann oft die Erfahrung machen, daß die Durchführbarkeit und Rentabilität sowie die sonstigen noch so großem Vorteile einzelner Projekte bezüglich Anlagen, die unter kommunaler Verwaltung stehen, wie es bei großen Elektrizitätswerken der Fall ist, oft nicht zu ihrer tatsächlichen Durchführung genügen, weil in derartigen technischen und rein wirtschaftlichen Fragen politische Momente mitspielen, hinter denen alle sachlichen Erwägungen weit in den Hintergrund treten. Nirgends ist mehr als hier politisch Lied ein garstig Lied, denn es leidet die Allgemeinheit empfindlich darunter.

Alle Ereignisse der Weltgeschichte haben an dem Mißverhältnis, welches zwischen der Bewertung politischer und sachlicher

Argumente besteht, bisher nichts zu ändern vermocht. Nun hat aber der Weltkrieg die Bedeutung der technischen Arbeit viel weiter in den Vordergrund gerückt, als man in Laienkreisen ahnen konnte, und auch jetzt nach dem fürchterlichen Kriege erweist sich die Anwendung der Erfolge technisch-wissenschaftlicher Forschung auf allen Gebieten als wichtigste Vorbedingung für jeglichen Erfolg. Möge diese Erkenntnis die Technik über den Hader streitender Parteien zu jener Höhe erheben, auf welcher sie kleinliches parteipolitisches Gezänke nicht erreicht.

Verlag von Julius Springer in Berlin W 9

Die Grundgesetze der Wärmestrahlung und ihre Anwendung auf Dampfkessel mit Innenfeuerung. Von Ing. **M. Gerbel.** Mit 26 Textfiguren. Preis M. 2.40

Die Herstellung der Dampfkessel. Von Inspektor **M. Gerbel.** Mit 60 Textabbildungen. Preis M. 2.—

Die Grundgesetze der Wärmeleitung und ihre Anwendung auf plattenförmige Körper. Von Ing. **Fritz Krauss,** Wien. Mit 37 Textfiguren. Preis M. 2.80

Graphische Kalorimetrie der Dampfmaschinen. Von Ing. **Fritz Krauss,** Wien. Mit 24 Figuren. Preis M. 2.—

Die Thermodynamik der Dampfmaschinen. Von Ingenieur **Fritz Krauss,** Wien. Mit 17 Textfiguren. Preis M. 3.—

Technische Thermodynamik. Von Prof. Dipl.-Ing. **W. Schüle.**
Erster Band: Die für den Maschinenbau wichtigsten Lehren nebst technischen Anwendungen. Vierte Auflage. Mit 244 Textfiguren und 7 Tafeln. In Vorbereitung
Zweiter Band: Höhere Thermodynamik mit Einschluß der chemischen Zustandsänderungen nebst ausgewählten Abschnitten aus dem Gesamtgebiet der technischen Anwendungen. Dritte, erweiterte Auflage. Mit 202 Textabb. u. 4 Tafeln. Geb. Preis M. 36.—

Leitfaden der Technischen Wärmemechanik. Kurzes Lehrbuch der Mechanik der Gase und Dämpfe und der mechanischen Wärmelehre. Von Prof. **W. Schüle.** Zweite, verbesserte Auflage. Mit 93 Textfiguren und 3 Tafeln. Unter der Presse

Technische Wärmelehre der Gase und Dämpfe. Eine Einführung für Ingenieure und Studierende. Von **F. Seufert,** Stettin. Mit 25 Abbildungen und 5 Zahlentafeln. Gebunden Preis M. 2.80

Wärmetechnik des Gasgenerator- u. Dampfkesselbetriebes. Die Vorgänge, Untersuchungs- und Kontrollmethoden hinsichtlich Wärmeerzeugung und Wärmeverwendung im Gasgenerator- und Dampfkesselbetrieb. Von Ingenieur **Paul Fuchs.** Dritte, erweiterte Auflage. Mit 43 Textfiguren. Gebunden Preis M. 5.—

Die Abwärmeverwertung im Kraftmaschinenbetrieb mit besonderer Berücksichtigung der Zwischen- und Abdampfverwertung zu Heizzwecken. Eine kraft- und wärmewirtschaftliche Studie von Dr.-Ing. **Ludwig Schneider.** Dritte, neubearbeitete Auflage. Mit 159 Textfiguren. Preis M. 16.—, gebunden M. 20.—

Hierzu Teuerungszuschläge

Verlag von Julius Springer in Berlin W 9

Die Zwischendampfverwertung in Entwicklung, Theorie und Wirtschaftlichkeit. Von Dr.-Ing. E. **Reutlinger**. Zweite Auflage.
In Vorbereitung

Urbahn, Ermittlung der billigsten Betriebskraft für Fabriken unter besonderer Berücksichtigung der Abwärmeverwertung. Dritte, neubearbeitete Auflage von Dr.-Ing. **Ernst Reutlinger,** Direktor der Ingenieurgesellschaft für Wärmewirtschaft m. b. H. in Cöln.
In Vorbereitung

Ökonomik der Wärmeenergien. Eine Studie über Kraftgewinnung und -verwendung in der Volkswirtschaft. Unter vornehmlicher Berücksichtigung deutscher Verhältnisse von Dr. **Karl Bernhard Schmidt,** Diplom-Ingenieur. Mit 12 Textfiguren. Preis M. 6.—

Hilfsbuch für Wärme- und Kälteschutz. Von Ingenieur **Andersen,** vereidigter Sachverständiger beim Amts- und Landgericht Dresden. Mit 3 Textfiguren. Preis M. 3.60

Kondensation. Ein Lehr- und Handbuch über Kondensation und alle damit zusammenhängenden Fragen, auch einschließlich der Wasserrückkühlung. Für Studierende des Maschinenbaues, Ingenieure, Leiter größerer Dampfbetriebe, Chemiker und Zuckertechniker. Von **F. J. Weiß,** Zivilingenieur in Basel. Zweite, ergänzte Auflage. Bearbeitet von **E. Wiki,** Ingenieur in Luzern. Mit 141 Textfiguren und 10 Tafeln. Gebunden Preis M. 12.—

Die Kondensation der Dampfmaschinen u. Dampfturbinen. Lehrbuch für höhere technische Lehranstalten und zum Selbstunterricht. Von Dipl.-Ing. **Karl Schmidt.** Mit 116 Textfiguren.
Gebunden Preis M. 5.—

Verdampfen, Kondensieren u. Kühlen. Erklärungen, Formeln u. Tabellen für den praktischen Gebrauch. Von Baurat **E. Hausbrand.** Sechste, vermehrte Auflage. Mit 59 Figuren im Text u. 113 Tabellen.
Gebunden Preis M. 16.—

Maschinentechnisches Versuchswesen. Von Prof. Dr.-Ing. **A. Gramberg.**
Erster Band: **Technische Messungen bei Maschinenuntersuchungen und im Betriebe.** Zum Gebrauch in Maschinenlaboratorien und in der Praxis. Vierte, neubearbeitete Auflage. Unter der Presse
Zweiter Band: **Maschinenuntersuchungen und das Verhalten der Maschinen im Betriebe.** Ein Handbuch für Betriebsleiter, ein Leitfaden zum Gebrauch bei Abnahmeversuchen und für den Unterricht an Maschinenlaboratorien. Mit 300 Figuren im Text und auf 2 Tafeln. Gebunden Preis M. 25.—

Hierzu Teuerungszuschläge

Verlag von Julius Springer in Berlin W 9

Technische Untersuchungsmethoden zur Betriebskontrolle, insbesondere zur Kontrolle des Dampfbetriebes. Zugleich ein Leitfaden für die Übungen in den Maschinenbaulaboratorien technischer Lehranstalten. Von Professor **Julius Brand,** Oberlehrer an den Vereinigten Maschinenbauschulen zu Elberfeld. Vierte, vermehrte und verbesserte Auflage. Mit etwa 285 Textfiguren und einer lithographischen Tafel. Unter der Presse

---

Handbuch der Feuerungstechnik und des Dampfkesselbetriebes mit einem Anhange über allgemeine Wärmetechnik. Von Dr.-Ing. **Georg Herberg,** Beratender Ingenieur (Stuttgart). Zweite, verbesserte Auflage. Mit 59 Abbildungen und Schaulinien, 90 Zahlentafeln sowie 47 Rechnungsbeispielen. Geb. Preis M. 18.—

Bau und Berechnung der Dampfturbinen. Eine kurze Einführung. Von Ingenieur **Franz Seufert,** Oberlehrer (Stettin). Mit 54 Textabbildungen Preis M. 5.—

Bau und Berechnung der Verbrennungskraftmaschinen. Eine Einführung von Oberlehrer Ing. Fr. **Seufert.** Zweite Auflage. Mit etwa 93 Abbildungen und 2 Tafeln. In Vorbereitung

---

Anleitung zur Durchführung von Versuchen an Dampfmaschinen, Dampfkesseln, Dampfturbinen und Dieselmaschinen. Zugleich Hilfsbuch für den Unterricht an Maschinenlaboratorien technischer Lehranstalten. Von Oberlehrer Ing. **Fr. Seufert,** Stettin. Fünfte, verbesserte Auflage. Mit 45 Abbildungen. Gebunden Preis M. 6.—

Das Entwerfen und Berechnen der Verbrennungskraftmaschinen und Kraftgasanlagen. Von Maschinenbaudirektor **H. Güldner,** Aschaffenburg. Dritte, neubearbeitete und bedeutend erweiterte Auflage. Mit 1282 Textfiguren, 35 Konstruktionstafeln und 200 Zahlentafeln. Unveränd. Neudruck. Geb. Preis M. 80.—

Thermodynamische Grundlagen der Kolben- und Turbokompressoren. Graphische Darstellungen für die Berechnung und Untersuchung. Von Oberingenieur **Ad. Hinz,** Frankfurt a. M. Mit 12 Zahlentafeln, 54 Figuren und 38 graphischen Berechnungstafeln. Gebunden Preis M. 12.—

Entwerfen und Berechnen der Dampfturbinen mit besonderer Berücksichtigung der Überdruckturbine einschließlich der Berechnung von Oberflächenkondensatoren und Schiffsschrauben. Von **J. Morrow.** Autorisierte deutsche Ausgabe von Dipl.-Ing. **Carl Kisker.** Mit 187 Textfig. und 3 Tafeln. Gebunden Preis M. 14.—

Hierzu Teuerungszuschläge

Verlag von Julius Springer in Berlin W 9

Wahl, Projektierung und Betrieb von Kraftanlagen. Ein Hilfsbuch für Ingenieure, Betriebsleiter, Fabrikbesitzer. Von **Friedrich Barth,** Oberingenieur an der Bayerischen Landesgewerbeanstalt in Nürnberg. Zweite, umgearbeitete und erweiterte Auflage. Mit 133 Abbildungen im Text und auf 3 Tafeln. Gebunden Preis M. 22.—

Bau großer Elektrizitätswerke. Von Professor Dr. **G. Klingenberg,** Berlin.
Erster Band: **Richtlinien, Wirtschaftlichkeitsrechnungen und Anwendungsbeispiele.** Mit 180 Textabbildungen und 7 Tafeln.
Unveränderter Neudruck in Vorbereitung
Zweiter Band: **Verteilung elektrischer Arbeit über große Gebiete.** (Mit einer Baustatistik von Elektrizitätswerken und einer Arbeit über „Elektrizitätsversorgung der Großstädte" als Ergänzung des 1. Bandes.) Mit 205 Textabbildungen.
Unveränderter Neudruck in Vorbereitung
Dritter Band: **Das Kraftwerk Golpa.** Mit 127 Textabbildungen und 4 Tafeln. In Vorbereitung

Die Wirtschaftlichkeit von Nebenproduktenanlagen für Kraftwerke. Von Prof. Dr. **G. Klingenberg.** Mit 16 Textfiguren.
Preis M. 2.40

Die staatliche Elektrizitätsfürsorge. Von Geh. Baurat Prof Dr. **G. Klingenberg.** Preis M. —.80

Torfkraftwerke und Nebenproduktenanlagen. Technisch-wirtschaftliche Grundlagen für Innenkolonisierung. Von Dr.-Ing. **E. Philippi,** Charlottenburg. Mit 28 Textfiguren. Preis M. 10.—

Form und Endziel einer allgemeinen Versorgung mit Elektrizität. Herausgegeben im Auftrage des Beratungsvereins „Elektrizität" e. V. von Reg.-Baumeister a. D. **L. Aschoff.** Preis M. 2.40

Die Stromversorgung der Großindustrie. Von Dr.-Ing. **H. Birrenbach.** Mit 27 Textfiguren. Preis M. 5.—

Stromtarife für Großabnehmer elektrischer Energie. Von Dr.-Ing. **E. Fleig.** Mit 55 Textfiguren. Preis M. 6.—; geb. M. 7.—

Elektrische Energieversorgung ländlicher Bezirke. Von Dipl.-Ing. **W. Reisser** (Stuttgart). Preis M. 2.80

Der Verkauf elektrischer Arbeit. Von Dr.-Ing. **G. Siegel.** Zweite, umgearbeitete und vermehrte Auflage von „Die Preisstellung beim Verkaufe elektrischer Energie". Mit 27 Abbildungen.
Preis M. 16.—; geb. M. 18.—

Hierzu Teuerungszuschläge

MIX
Papier aus verantwortungsvollen Quellen
Paper from responsible sources
FSC® C105338

If you have any concerns about our products,
you can contact us on
ProductSafety@springernature.com

In case Publisher is established outside the EU,
the EU authorized representative is:
**Springer Nature Customer Service Center GmbH
Europaplatz 3, 69115 Heidelberg, Germany**

Printed by Libri Plureos GmbH
in Hamburg, Germany